天の摂理 地の祈り

インド哲学で読み解く、
原発の過ち・再生への道

村山泰弘

まえがきに代えて

スリーマイル島の時も、チェルノブイリの時も、脱原発は叫ばれたが、
原発を捨て去ることに成功した国はない。
今もっとも脱原発の流れに異論を唱え、
原発の必要性を世界に再認識させようと躍起になっているのは、
スリーマイル島原発事故を起こしたアメリカと、チェルノブイリ原発事故を起こした旧ソ連諸国。
そしてさらにもう一国。
福島の原発事故を起こした後も、まだ経済発展だけを夢見ている日本の政財界のリーダーたち。
しかし、われわれはもはや知ってしまっている。
脱原発ができない限り、人類に生き延びる未来がないことを。
その災いの種を蒔いたのはわれわれ自身。
ならば、子々孫々の未来のためにその禍根を断つのもわれわれ自身の仕事。
それがどれほど困難なことであったとしても、
子供たちを凄惨な悲劇の被害者にしないために、
その禍根を断つのは他の誰でもなく、種を蒔いたわれわれ自身の仕事のはず。

目次

まえがきに代えて　1
第一章　インドの賢者が見た日本　5
第二章　フクシマ原発事故が意味すること　31
第三章　次への警告　51
第四章　踏み出すべき最初の一歩　83
第五章　失われた東洋の叡智　97
第六章　幸福はどこにあるのか　111
第七章　原発に見る、カルト宗教化した科学信仰　135
第八章　西洋が東洋に学ぶ時代　149
第九章　新たな時代の幕開け　163
あとがき　211

第一章

インドの賢者が見た日本

人類が今、差し迫った存亡の危機に直面していることは、誰の目にも明らかです。

それはまるで、母なる自然が一日の始まりとして贈り続けてきた夜明けの一つ一つが、人類を見限り、滅びの日へと追い立てるためのカウントダウンに姿を変えつつあるかのようです。

人類という乗客を乗せた船は今、〈地球温暖化による異常気象〉という時限爆弾や、〈原子力発電〉という禁断の果実だけではなく、リーマンショック以降の経済問題や、人間性の喪失、環境破壊や環境汚染、社会制度の疲弊や閉塞感といった問題に至るまで、数え上げればきりがないほどの重い荷物を積んだまま、先の見えない航路を未来に向かって進んでいます。

この船は動力を持たず、先に進めているのは時間という潮の流れです。

したがってこの船は、進み行く先にどんな危険が待っていたとしても、停止することも引き返すこともできません。

できることはただ一つ、舵を切って進み行く方向を変えることだけです。

しかしその時も、たとえどんな危険が目の前に迫っていたとしても、急に舵を切ることはできません。なぜなら、積み込んでいる荷物があまりにも多すぎるため、バランスを崩して転覆してしまう恐れがあるからです。

そしてなにより、スムーズに舵を切りながら船のバランスを保つためには、乗客の協力も不可欠となってきます。

したがって、この船の舵を切ろうとする者は、乗客全員に、なぜ舵を切らなければならないのかを丁寧に説明して納得を得ながら、できる限り迅速に、注意深く舵を切らなければなりません。

対応が遅すぎても、急ぎすぎても、この船の乗客に待ち受けているのは未来ではなく、この世界に永遠の幕を下ろす悲劇的な結末だけです。

今までにもわれわれの世界には様々な問題が持ち上がり、それを解決しようとする様々な対応が取られてきました。

しかしそうしたすべては、進み行く船の上で行われる修復作業のようなものであって、船の進路そのものを変えるような試みはただの一度も行われてはいません。

なぜなら、船の進路を変えることは、その船に乗り込んで生活している人々すべての幸福論、人生哲学や自然観といった価値観のすべてを、もっとも根源的なレベルから見直していくことを意味しているからです。それはあまりにも大きすぎる問題であるために、世界のリーダーの誰一人として手をつけようとした人はいません。

しかし行く手に、船を完全に呑み込んでしまうほどの巨大な嵐が待っていることがわかった以上、もはや、船上での修復作業など何の意味も持ち得ません。

もしわれわれが、愚かにもこのままの航路を取り続け、人類の歴史を破滅という形で終わらせたいのでなければ、その危機を回避するためには船の舵を切る以外にないのです。

もちろん、それは簡単なことではありません。

しかし、人類の未来を考える限り、もはやこの問題から目を背けたまま生き続けることが許されないところまで来ていることは確かなのです。


今回わが国は、過去に前例のないような巨大地震と、津波と、原発事故の複合的な災害に見舞われ、世界中の注目を集める被災国となりました。

しかし、これによって、今後われわれが辿る復興の一歩一歩が、そのまま、人類を乗せた船の方向を決定づける、キーパーソン的な立場に立たされてしまったことに、まだほとんどの人は気づいていません。

今わが国の動向には世界中の人々の視線が注がれています。それはただ単に、われわれがいかにしてこの甚大な地震や津波の被災から復興するかにではなく、われわれが今後、安全神話の崩れ去った原発との関係をどうしながら復興を成し遂げるかに向けられたものです。

なぜなら、震災からの復興だけなら、時間さえかければ解決するわが国だけの問題ですが、そこに脱原発という問題が絡んでくると、そのまま全世界の経済問題や環境問題、政局となり、今すぐにでも、重大な影響を与えることになるからです。

今回の原発事故が起こる直前まで、全世界の国々はただ一つの例外もなく、「徹底した安全対策と危機管理を講じて運用してさえいれば、原発は安全であり、人類の前に立ちはだかるエネルギー問題を未来永劫に亘って解決することのできる切り札である」という認識で固まりつつありました。

わが国の重要な地位を担う政財界の指導者たちもその例にもれず、「原発に秘められている無限の可能性を理解できずに、わが国で起こるはずもないような原発事故の僅かな危険性を持ち出して原発の開発や建設に反対するような人間は、現代という時代に生きる資格さえない」とでも言うような態度で原発を礼賛し、原発依存の政策や社会制度の構築を推し進め、異論を唱える人々を弾圧してきました。

そして今回の事故の後でさえも、日本各地に原発を造り続けてきた財界のリーダーたちは〈原発推進路線〉の堅持を政府に求め、政府もそれに応えて〈大幅な見直しを行う考えがない〉ことを表明しているように、そうした人々の本質的な考えや体質は何一つ変わっているようには見えません。

しかしそうした人々はこの際捨てておくとしても、今回の出来事をきっかけとして明らかに変わり始めている人々もいます。それは今まで、国の政策や、原発の問題などにまったく関心を持ってこなかった一般大衆と呼ばれるような人々です。

今回、世界中に配信された被災地からの報道のなかで、称賛されたり評価を高めたりした政治家や経済界のリーダーなど、ただの一人も存在しませんでした。

しかし、まったく対照的な評価を受けた人々もいます。

それは、一般大衆としてその土地に暮らしていたごく普通の人々であり、そうした人々をサポートするために立ち上がった、全国のごく普通の人々です。彼らの姿を見て、世界各国のメディアが驚きをもって報じています。

今回の被災地にいち早く乗り込んでその惨状を全世界に向かって発信したABCテレビのメインキャスター、ダイアン・ソーヤーは、「食料やガソリンの列に数時間黙って立っている人々のストイシズム（禁欲主義）は驚異である。大災害にはつきものの暴動もここでは一つも起きていない。日本人のこの冷静、規律、礼節、勤勉、義務感、互助の精神には、深い印象を受けた」と感銘し、CNNのアンダーソン・クーパー記者は「世界中の災害地から長年レポートしてきたが、このように冷静で秩序が保たれた様子は見たことがない」と伝えました。

また過去の戦争における不幸ないきさつから、今まで日本や日本人を称賛する報道など一切することのなかった中国のメディア関係者さえ、「私は今まで日本人にずっと恨みと疑念があったが、今回の取材（震災四日目に現地入りして、その後、仙台市、宮城県南三陸町、福島市へと回った取材）の過程で偏見が消えていった。一四日間の取材は一〇年間の読書より学ぶことが多かった。……取材を通じてもっとも強く印象に残ったのは日本人の『冷静沈着さ』。未曽有の災害にあっても取り乱さず、スーパーに列を作って並び、便乗値上げも起きない。親族を埋葬する際でも、大きな泣き声を出さないように耐える姿にも感動した」と帰国後の学生への報告会で語り、別の新聞社のカメラマンは、「私も（今回の取材をするまでは）反日分子だったが、日本民族は尊敬に値することがわかった。日中は政府間では対立することがあっても（日本人はとても友好的なので）人民同士が敵対することは永遠にないだろう」と述べたのです。

このことからもわかるように、今回の出来事をきっかけとして、今後人類の命運を決めるキーパーソンとしての役割を担わされてしまったのも、政財官界のリーダーたちではなく、一般大衆という立場から日本を支えてきた、ごく普通の人々なのです。

その一人一人が今、担わされてしまったものとは、「いかにして人類は、地球温暖化阻止という流れに反しないで脱原発を成し遂げるか」ということです。

それはもしかすると、わが国でなければ不可能なことかもしれません。

過去にチェルノブイリ原発事故を隣接国として生々しく経験したイタリアは、三カ月以上が過ぎた今も一向に事態が収束する様子のない福島の原発事故の深刻な状況を見て、それまでは原発容認に傾きつつあった世論が脱原発へと一転し、六月十三日に行われた国民投票では、九割以上の賛成票によって脱原発の意思を世界に向けて明らかにしました。

しかし、だからと言って、イタリアが脱原発に成功したわけではありません。なぜなら、この国民投票によって、この先イタリアが国内の原子炉をすべて廃炉にしたとしても、このままでは不足する電力を輸入する以外に手はないからです。つまり、欧州全体で約一四〇基ある他国の原発の作り出す電力のいずれかを輸入せざるを得なくなるということなのです。そしてもし本当に電力を輸入するのであれば、この国民投票の結果は原発の他国への押し付けであって、真の意味での反原発、脱原発を意味してはいません。

それでも、この期に及んでまだ、財界の圧力に屈して原発推進の政策を堅持するとの方針を打ち出している日本政府の感覚よりは遥かにましかもしれませんが、脱原発というものは、国民投票の結果を受けたからといってそうたやすく実現できるものではないのです。このことを、脱原発を目指そうとしている人々は、誰よりもしっかりと知っておく必要があります。そうでないと、福島の原発事故を見て一気に反原発、脱原発へと雪崩を打った民意は、ダイエット後のリバウンドのように、事故が何らかの形で収束した瞬間から、失った電力への飢えや渇きにつけいるように再構築されていく新たな安全神話の下、原発容認へと揺り戻されて、再び〈原発ルネッサンス〉への道を歩み始めることになります。そして、より深刻な事故が繰り返され、最終的には、脱原発の声を上げる人そのものがこの世界に存在しなくなるような壊滅的な事故が起こり、人類の歴史が幕を閉じることになるのです。

それではまったく意味がありません。われわれが今目指さなければならないのは、断固とした覚悟をもって未来永劫を見据えた脱原発なのです。

しかし、現実問題として、今の世界に、その道筋をグローバルリーダーとして示すことのできる国は存在していません。

もしそれができる国があるとすれば、それはおそらく日本です。

もし決意さえできれば、おそらくわれわれは成功します。

なぜならそれは、われわれ日本人が、明治維新以降の近代化の波に押し流されるようにして経済大国へとのし上がっていくなかで失ってしまった日本固有の〈輝かしい何か〉を、〈日本人としてもう一度自らの手に取り戻していくこと〉でもあるからです。

日本人は過去に、人としても国としても多くの罪や過ちを犯し、長い年月のなかで自らの存在の奥深くに育まれてきた日本人としての美徳や文化といった多くのものを失ってきました。

それでもなお、われわれ日本人の、日本人としての存在の奥深くには、世界中の人をそうして感銘させたり、称賛させたりすることのできる〈輝かしい何か〉が、幾千年もの太古から受け継がれた遺産のように、僅かではあったとしても、消え残っているのです。

そのことを今回の大災害が、図らずも、世界中の人々とわれわれ自身に教えてくれたのです。

そうである以上、われわれはその何かをもう一度自らの手で取り出し、世界の行く手に掲げる希望の明かりとするために、明々と燃え上がらせなければならないのです。なぜなら、そうすることによってしか、これからの日本には真の意味での復興もなければ未来もなく、延いては人類にとっての未来もないからです。

われわれがそのことに失敗すれば、もしかすると、人類がこのまま、今押し流されている場所以外のどこへも舵を切れないままに、束の間の繁栄がもたらす狂乱という宴に惑わされながら破滅への道を辿る以外に道はなくなってしまうのかもしれないのです。

だからこそ、日本人のすべてが、太古から、森羅万象、生きとし生けるもの中に神や仏という崇高なものの存在を感じ取り、愛し、崇めながら、無理なく調和しながら生きてきた民族の末裔として、優れたスピリチュアリズム（霊的精神性）や、勤勉で徳高い人間性といったものを、今なおその胸の奥深くに消え残しているのであれば、われわれは必ずそのことに成功するはずなのです。

明治維新以降、経済大国へのし上がっていくなかで失ってしまった日本固有の〈輝かしい何か〉が何であったのかを、一世紀以上の時の彼方からありありと教えてくれる、一冊の本があります。

それは、母国インドにおいては、マハトマ・ガンジーや、ジャワハルラール・ネルー、ラビンドラナート・タゴール、タタ財閥の創始者ジャムセットジ・タタといったそうそうたる面々に多大な影響を与え、西洋においても、アメリカの大富豪で慈善家でもあったジョン・D・ロックフェラーや科学者のニコラ・テスラ、ロシアの文豪トルストイ、フランスの作家ロマン・ロラン、そして日本の岡倉天心などにも多大な影響を与えたことでも知られる、近代インドの巨星スワミ・ヴィヴェーカーナンダによる本です。一八九三年にインドから船を乗り継いでアメリカに渡る途中で立ち寄った日本についての印象を、本国の友人や信者たちに書き送った手紙や、帰国後のインタビューを抜粋して紹介しており、邦訳版は日本ヴェーダーンタ協会が発行しています。

ヴィヴェーカーナンダが西洋の人々にどのような影響を与えた人であるかは、フランスの文豪ロマン・ロランの言葉が雄弁に教えてくれます。

第一次世界大戦中にはスイスに移り住んで知識人たちの国際平和運動の中心的役割を果たし、一九一六年には最高傑作『ジャン・クリスト』によってノーベル文学賞を受賞したロランはこう語っています。

「彼の言葉は偉大な音楽だ。ベートーヴェンの風格を湛えた語句、ヘンデルの合唱曲にも似た感動的なリズム、それは三〇年の歳月を経て、書物のページに散見されるだけなのだけれど、私はそれに触れると、全身に電撃を受けたようなスリルを感じずにはいられない。それが燃えるような言葉としてこの英雄の口から発せられた時には、どれほどの衝撃と、どれほどの恍惚感を与えたことであろう」

ヴィヴェーカーナンダが日本に立ち寄った時、彼はまだ、アメリカで開かれる世界宗教会議への参加を夢見て何の当てもなく祖国を旅立っただけの無名のヒンドゥー僧にすぎませんでした。しかし彼は、その僅か数カ月後には、ハーバード大学の教授J・H・ライトを、「ここに、わが国の学識あるプロフェッサーたちを全部一つに集めたより博識な人がいる」と感銘させ、正式な招待状を持っていないという理由で参加を拒否されていた世界宗教会議へ、「あなたにそのような信任状を要求することは、太陽に向かって『お前は輝く許可を得ているのか』と聴くようなものですよ」と言わしめ参加の道を開かれ、そのことをきっかけとして瞬く間に全世界にその名を知られる存在となっていったのです。

ヴィヴェーカーナンダは、今から一一八年ほど前に立ち寄った日本の印象について、インドへ送った手紙のなかでこう書いています。

「広東から香港に戻ると、日本に向かいました。最初に入港したのは長崎です。数時間上陸して馬車で町を巡りました。何と対照的なこと！　日本人は世界でもっとも清潔な人々です。すべてがきちんと整頓されています。ほとんどの通りが幅広く、まっすぐで均一に舗装されています。小さな家々は鳥籠のようで、町や村のほとんどが松の木々に覆われた常緑の丘を背景としています。背が低く、色白で、風変わりな身なりの日本人は、身のこなしや立ち振る舞いなど、すべてが絵のようです。日本は絵になる国です！　ほとんどの家には裏庭があって、小さな生け垣、芝生、池、小さな石橋などの日本風の美しい設えが施されています」

「三つの大都市を見ました。工業都市大阪、古都京都、新都東京です」

「今や、日本人は現代が必要とするものに完全に目覚めているようです」

「マッチ工場は一見に値します。必需品はすべて自国で生産することに日本人は懸命なのです」

「かなりの数の寺を見ました。どの寺にも、旧式のベンガル文字で記されたマントラがあります。サンスクリットを知る僧侶はごく僅かです。しかし、知的な宗教です。進歩に対する熱意は、僧侶にまで浸透しています。短い手紙では、日本人に対しての思いを書き切ることはできません」


そして、日本を後にしてアメリカに渡り、比類のない賢者としての名声を全世界に轟かせながら学識豊かな人々の求めに応じて、それからおよそ四年の間、アメリカやヨーロッパ各地をヴェーダーンタの教えを講演しながら見聞して回った後も、彼のその思いは変わることはなかったのです。

彼は、まもなくこの世を去ろうとする晩年（といっても彼がこの世を去ったのは三十九歳ですが）、プリヤナート・シンハというインド人に対して日本への思いを次のように語っています。

「できれば、独身の大学卒業者を日本に送り込んで技術面での教育をさせたい。（そうすれば）彼らが持ち帰る知識は、（インドにとって）最大の利となるだろう」

その言葉は、当時イギリスに植民地支配を受けていたインド人の口から語られるものとしては、極めて異例のものでした。なぜなら、当時のインドの人々にとって、学ぶべき国があるとすればそれは西洋であり、西洋でも最大の威光を見せつけていたイギリスだったからです。

シンハは、ヴィヴェーカーナンダが、インドが学ぶべき国を、イギリスやアメリカなどの西洋ではなく、日本であるとしたことに対して、「なぜなのですか？」と尋ねています。それに対してヴィヴェーカーナンダはこう答えています。

「裕福で教養のあるインド人が一度日本に行けば、目から鱗が落ちるだろうと考えるからだ」「日本ではみごとに知識が消化されていて、インドのような消化不良を起こしていないのに気づくだろう。すべてをヨーロッパから取り入れていながら、同じ日本人であり続けている。

西洋化はしていない。しかるにわが国では、まるでペストのようにひどい西洋かぶれに陥っている」

その言葉を受けたシンハが、「日本画を見たことがあります。驚嘆に値します。あのインスピレーションは独特で、模倣とは思えません」と告げると、ヴィヴェーカーナンダは、「そのとおりだ。芸術において偉大な国民だ。われわれと同じアジア人だ。……まさにアジアの魂が、芸術に折り込まれている。アジア人は芸術にならないことはしない。われわれにとって、芸術は宗教の一部なのがわかるかね?」と答えています。

また、一八九七年二月に発行されたマドラスの新聞紙上のインタビューでは、「日本では何をご覧になられましたか?」という記者の質問に対して、ヴィヴェーカーナンダは、次のように答えています。

「日本人ほど愛国的で芸術的な人種は世界に例を見ない。そして独特なのは、ヨーロッパや他の芸術が一般に乱雑なのに対して、日本の芸術は整然としていることだ。インドの若者たちが生涯一度は日本を訪れることを（私は）望んでいる。非常に簡単に行けるのだ。（仏教の教えに親しんできた）日本人は（仏教の母国である）インドのすべてが偉大だと考え、インドが聖なる土地だと信じている。日本の仏教はセイロンに見られる仏教とはまったく異なっていて、ヴェーダーンタ（ヒンドゥー教のもっとも重要な聖典の一つ）と同じだ。肯定的で有神論的仏教であり、セイロンの無神論的仏教ではない」

そして、「日本が躍進した秘訣はどこにあるのでしょうか?」という問いかけに対しては「日本人が自分自身を信じていること、そして母国への愛だろう」と答えています。さらに、その後にこう続けています。

「(インドがもし)日本の社会的道徳と政治的道徳を得るなら、同様に偉大になれるだろう」と。

このように、三十歳で初めて西洋に渡り、三十九歳でこの世を去るまでの僅かな年月の間に、世界中の偉大な思想家、科学者、政治家、芸術家、文豪たちに、他に類を見ないような影響を与えたヴィヴェーカーナンダは当時の日本を、人としても国としても、ほとんど世界一とでもいうような、美徳と芸術性と向学心と社会性を持った人々の住む傑出した国であると自国の人々に語って聞かせています。

しかし一〇〇年以上前に彼の口から語られたそうした日本は、今生きているわれわれにとっては、ほとんどすべてが(明治維新以降の社会的道徳と政治的道徳も捨て去った、もっとも卑しい拝金思想や帝国主義や快楽主義のなかで)失われてしまったものです。

それは、かつての日本人の末裔であり同じ日本という国土に生まれ育っているわれわれにとってさえ、今となっては、それがどのような世界であったのかを知ることもできないほどに、現在のわれわれの国から、文化としても情報としても失われてしまいました。

しかし今でも、当時の日本がどのような美徳に溢れ、輝いていたのかを、われわれはヴィヴェーカーナンダが母国インドの知人へと日本から書き送った手紙の文面や、帰国して語り聞かせた言葉の端々から読み取ることができます。

ヴィヴェーカーナンダはこうした手紙や言葉を残すことによって、百数十年が経った今も、われわれ日本人に対して道を示してくれています。われわれが学ぶべきものは未来にあるのでも西洋にあるのでもなく、われわれ自身の中に、種のようにして隠されているのだと。

今の世界に、自国の将来を担う優秀な人材を日本に留学させて学ばせようと考える指導者などどこにもいません。しかし、ほんの百十数年前は違っていたのです。そのことを、ヴィヴェーカーナンダは歴史の彼方からずっとわれわれに教えてくれているのです。

しかし、その言葉が日本人の耳に届くことはありませんでした。なぜなら、今の日本には、ヴィヴェーカーナンダの偉大さを知る人間が存在していないからです。しかし、百十数年前は違っていました。

そのことを物語るかのように、岡倉天心は一九〇二年の一月にヴィヴェーカーナンダに会うためにインドへ渡り、日本の知人に宛てた手紙のなかで以下のように記しています。

「……最近この地を訪れて、スワミ・ヴィヴェーカーナンダにお会いしました。霊性の巨匠で、並ぶ者なき碩学です。現代最大の偉人と思われます。インドのどこに行っても、彼を敬愛しない人はいません」

「敬愛するスワミは、みごとな英語を話されます。西洋・東洋の学問に完璧に精通していて、その両方が統合されているのです。全一性の宗教を教えておられます」

「私が帰国する際にスワミを日本に連れて帰りたいと思います」

しかしその願いは、余命いくばくもないようなヴィヴェーカーナンダの健康状態のために実現しませんでした。

折しもその時、別の筋からの、日本への公式な招待も持ちかけられていたことを、彼の弟子の一人が後に回想しています。

「スワミジ（ヴィヴェーカーナンダのこと）は、領事のそばの椅子に腰掛け、通訳を通しての会話をなされました。儀礼的な挨拶の後、領事は以下の主旨について話されました。『天皇陛下（明治天皇）はあなたを日本に迎えたいと、非常に熱心におっしゃっておられます。ご都合の良い時にできるだけ早く来日していただきたいとのご要請です。日本は、あなたの唇からヒンドゥー教について聞くことを熱望しております』と。その要請に対してスワミジが『今の健康状態では、日本に伺うのは無理かと存じます』と答え、それを受けて領事は『それでは将来健康が回復した折にいつか来日されると、天皇陛下にお伝えしてもよろしいでしょうか？』と尋ねられました。それに対するスワミジの返答は、『この身体が回復できるかは、非常に疑わしいのです』というものでした」

ヴィヴェーカーナンダがこの世を去ったのは、それから数カ月後のことです。

時は流れ、僅か一〇〇年やそこらの時がどれほど大きく世界を変えてしまうのかは、今日の前に広がっている現実が教えてくれます。

われわれがそうした時のなかで失い続けてきたものは、大和魂や愛国心といった偏狭なものではなく、もっと深遠で、もっと壮大な、すべての国と、すべての民族と、すべての文化とすべての宗教をそのスピリチュアルな慈愛に満ちた懐深くに抱き込むような崇高な精神性なのです。

私はそのことを、インドに降誕された偉大な師によって、インドの伝統的な宗教思想に基づいて言うなら、太古から捧げられてきた聖者たちの祈りに応える形で降誕されたアヴァターである師によって教えられました。

そのインドとは、飛行機を下り立てば誰でも知ることのできるありきたりのインドではなく、決して簡単には真実の姿を悟らせることのない、秘められたインドとして、聖なるインドとして、まるでどこにも実在などしていない幻影であるかのように、あるいは太古に封印された遺跡のように、喧騒のヴェールに身を潜め続けてきたインドです。

そのインドにおいて、日本は近年、秘かに、世界中のどの国よりも高い評価と注目を浴びているという事実があります。

なぜなら、インドの賢者たちはみな、日本人という民族が、唯物論的な自然科学と有神論的なスピリチュアリズム、西洋的な社会思想とアジアの精神文化といった相反するものを、うまく折り合いをつけながら自己の内で統一することができるという、極めて希有な優れた特性を隠し持っていることを見抜いているからです。

それこそが、世界を呑み込みつつある深刻な危機から人類を救済し、瑞々しく再生させていくことのできる唯一の力であることを誰よりもよく知っているのです。


また〈かつての日本〉――つまり明治維新以降の愚かな歩みのなかで失うべきではなかったもののすべてを失い尽くしてしまう前の日本に、将来の世界を担うグローバルリーダーとしての希望を見たのはインドの賢者たちだけではなく、西洋人にもいました。

そうした人物の一人が、今からおよそ一〇〇年前（大正五年）に、観光旅行のつもりでふと立ち寄った日本という国に魅せられ、その後四年間に亘ってその精神文化の深くへ分け入った、ポール・リシャール（一八七四年に南フランスに生まれ、その後、神学博士、弁護士、詩人、哲学者と歩み、インドを経て日本に辿り着き、晩年をアメリカで過ごした）です。

彼は、『日本の児等に』と題する詩（注・出典不明）のなかで日本人をこう激励していると伝えられています。

「（前文略）一切の隷属の民のために起つのは汝の任なり（注・当時同胞であるアジアの国々の多くは西洋列強の植民地支配のなかで隷属を強いられていました）。新しき科学と旧き智慧と、ヨーロッパの思想とアジアの精神とを自己の内に統一せる唯一の民！　これら二つの世界、来るべき世のこれら両部を統合するのは汝の任なり（後文略）」

このポール・リシャールという人は、日本を訪れる前は、インドでオーロビンド・ゴーシュ（近代インドを代表する霊性の巨人の一人。一八七二年カルカッタに医師の子として生まれ、イギリスに渡ってケンブリッジ大学に学び、そこでインド開放を旗印にした政治結社に加盟。インドに帰国した後に、独立運動のために爆弾テロを含む過激な政治闘争を指揮したとして投獄され、その獄中で、突然神の啓示を受け、それまでの一切の政治活動から絶縁した。その後ヨーガ、ヴェーダ、ヴェーダーンタ、ギータなどを四〇年に亘って探求し、その結果、真の聖者〈生前解脱者〉としての名声は高まり、世界各地から信奉者が集うようになった。一説によると、オウム真理教も晩年、彼をモデルにしていたふしがあると言われている。没後、六〇年が経つ今も、インドにおいては絶大な知名度と人気を持ち続けている）や、アニー・ベサント（一八七五年にアメリカで創立され、後にインドに本部を移した神智学協会の当時の会長。今なお世界中に多くの信奉者を持つジッドゥ・クリシュナムルティを育てたことでも名を知られている。なお、クリシュナムルティとは、子供の頃、インドの町中で友達と泥まみれになって遊んでいた時、神智学協会の幹部であった霊能者リードビーター卿に、キリストに続く、堕落腐敗した世界を救う、世界教師としての器だと見いだされ、その後アニー・ベサントの養子として引き取られ、後継者とするために育てられた人。一九二一年に教団の主催者に就任するも、真理の組織的探求は不可能であるとして、その八年後に教団を解散し、独自の活動に取り組んだ。八六年にアメリカ・カリフォルニアにて死去。彼の今なお衰えることのない高い人気は、彼が、教団を解散した後の教えにある）との交流を持ち、それ以前はキリスト教の神学博士であり、弁護士であったことからもわかるように、その見識は広く、人種や、宗教や、文化の違いを超えた極めてグローバルなものでした。

そのような人物を魅了して、「新しき科学と旧き智慧と、ヨーロッパの思想とアジアの精神とを自己の内に統一せる唯一の民！　これら二つの世界、来るべき世のこれら両部を統合するのは汝の任なり」と述べさせるような何かを、かつての日本人がその存在の奥深くに持っていたことは、どうやら確かなことのようなのです。リシャールはそのことを、ヒマラヤ山麓に居を移し、アメリカに渡った晩年においても変わることのなかった思いによって教えてくれています。

ひょっとすると、そのことに〈灯台下《もと》暗し〉のように、もっとも気づいていなかったのはわれわれ日本人なのかもしれません。

そのためわれわれ日本人は、明治維新という革命後、近代化という美名の下で突き進められてきた西洋の物真似文化のなかで、学ぶべきものも多く学んだ代わりに、失うべきでなかったものの多くを失い続けてしまう結果になったのです。

われわれはそれを取り戻していくべき時期に来ています。なぜならそれが、われわれ日本人が、日本人であることの真の価値と活力を取り戻していくことに通じるからです。

これは決してナショナリズムではありません。ナショナリズムではなく、ナショナリズムを超えたグローバリズムです。

われわれは、世界を見下したり踏みつけたりするために、日本人であることの真の価値と活力を取り戻さなければならないのではなく、世界中のすべての国を、すべての民族を、すべての人々を、たった一つの自然を母親とし、唯一無二の天を父として、この世に生み落とされたものすべてを兄弟姉妹として見ながら、自らの智慧と力によって誰よりも力強く、誰よりも深い兄弟愛のなかで手を取り合っていくために、それを取り戻していかなければならないのです。

もし本当にかつての日本人が、ヴィヴェーカーナンダやアインシュタインやポール・リシャールといった人々に代表されるような、科学的、霊的洞察力を持った人々の称賛に値するような真に優れた何かを内に秘めた民族であるならば、われわれが今なすべきことは、それを取り戻すことをおいてはほかにないはずです。

今回日本に襲いかかってきた大地震や大津波という母なる自然からの厳しすぎる一撃は、東北に暮らしていた同胞たちに壊滅的な被害と悲しみをもたらしたというだけではありません。実はそのことと引き換えに、日本は、新たな転機を迎えているのかもしれないのです。人類は、このままでは異常気象が引き起こす自然災害や原発事故によって滅びゆくしかありません。そうした未来に待ち受ける災害の予告かのように被災した日本が、復興の歩みのなかで、新たな文明モデルの建設に取り組むことによって〈ノアの《グローバル》方舟《リーダー》〉となり、人類を救い出すためのチャンスと使命を、母なる自然から与えられたということなのかもしれないのです。

そう感じることは不謹慎でしょうか。

しかしそれは、私の偽らざる思いなのです。

今回の震災によって、われわれが好むと好まざるとにかかわらず担うことになってしまった使命は、「今後いかにして、地球温暖化阻止と脱原発を成し遂げるか」ということです。それは、われわれが本気でやる気になりさえすれば必ずできることなのです。条件さえ整えば発芽する大木の種のように、われわれの魂の奥深くのスピリチュアルな領域に埋もれていた知恵や力の発芽となって、必ずわれわれを成功へと導いてくれるはずなのです。

問題は、われわれが本気で決意できるかどうかにかかっているだけです。決して簡単ではないその決意を、われわれが今この瞬間できるかどうかに……。

第二章

フクシマ原発事故が意味すること

この原稿を書き始めている今は、東日本大震災から一週間が経ったばかりの三月十八日金曜日です。

最初の頃こそ、日本という近代国家に万全のものとして築かれていた防波堤などのあらゆる防災設備を一瞬のうちに乗り越え、土地も、家も、人も、道路も、車も、その巨大な舌でなめ尽くすように呑み込んでいった大津波の映像が全世界のマスコミを通じて流され、世界中の人々をその画面の前に立ち尽くさせました。しかしそれから僅か十数時間と経たないうちに、そうした映像すら報道の片隅に追いやってしまうほどの出来事が、被災地の一角で二次災害として起こり、全世界の人々にさらなる危機感と衝撃を呼び起こす最大の関心事へと取って代わっています。

それは、福島の原発事故です。

事故発生当初、その原発事故の状況分析や解説のために報道スタジオに呼び寄せられていた原子力エネルギーの専門家たち（おそらく、何らかの形で日本の原発政策を推し進めるために研究開発に携わってきたであろう人々）の見通しは、事態がすぐに収束に向かうかのような、極めて楽観的なものに終始していました。

しかし、その後事態がどう推移していったかは誰もが知っているとおりです。

原発関係者は常々、原発への不安を口にする人々を、まるで最新のテクノロジーをまったく知らないとでも言わんばかりに、「日本の原発には、あらゆる災害や、人為的ミスからテロに至るまでのあらゆる不測の事態に対応するための万全の安全対策がとられているので、何があっても安全であり、何の心配もいらない」と大言壮語していました。しかしその自慢の設備やシステムのすべては、襲い来たたった一度の地震と津波によって、一瞬のうちに破壊され、制御不能に陥り、彼らに何一つの有効な手だても打たせないまま、あっと言う間に、彼らが事故当初〈最悪の事態〉としてさえ思い描けなかったような、レベル7という悪夢のような原発事故にまでなっていったのです。

この本がみなさんの手にとられている頃、事態がどのような形で収束して、（あるいは収束しないままに）どのように事後処理が進められているのかはわかりません。

しかし、おおよその想像はつきます。

どのような形で収束したにしろ、しなかったにしろ、事故直後こそ、原子力エネルギーの必要性を唱えていた人々は完全な劣勢に立たされていたかもしれませんが、それは一時的なものであり、すでにこのような反撃が少しずつ始まっているはずです。

「今回の災害は、あくまで、一〇〇〇年に一度あるかないかという日本人が過去に経験したことがない強大なものだったから、想定外の事態に陥り、想定外の被害をもたらしたというだけだ。それは逆に言えば、今回の事故を経験したからこそ、このことを教訓として、今度こそ、いかなる災害によっても安全を保つことのできる原子力発電所建設への新たな一歩を踏み出すことが可能になったとも言えるのだ。そういう意味でも、われわれは、原発という無限の可能性を秘めた未来のエネルギーに対する開発の扉を閉ざしたりするべきではなく、今回の事故をまたとない教訓とすることによって、今度こそ、何が起こっても絶対に大丈夫だと言えるまでに安全性を高めた原発建設に向かう新たな一歩を踏み出すためのチャンスに変えるべきなのだ。なぜなら、すべての科学技術というものはそうした試行錯誤のなかで発達してきたものであり、そうすることによってしか発達していけないものなのだから」

そしておそらく彼らはこうも言うでしょう。

「原発事故は確かに恐ろしい。だが、われわれはその事故を教訓として、より安全な原発を実現していく力も持っている。少なくともわれわれの科学は、過去に不可能と思われてきたことの『ほとんどすべてを可能にしてきた』と言っていいほどに多くのことを可能にしてきた実績がある。原発だけ例外だという論理は成り立たない。だとすれば、今の時点で原発がどれほど危険であったとしても、だからといってその開発を止めるべきではなく、逆にそれは、われわれが人類の命運をかけるつもりで開発を続けるべきものではないだろうか。なぜなら、それをなし遂げた国だけが世界の覇者となれるのだから」

そして、そうした人々の意見を聞かされた多くの人々もまた、時間が経つにつれて、「それはそうかもしれない」というふうに、少しずつ心のどこかで思い始めているのではないでしょうか。

スリーマイル島の原発事故以来、三〇年間に亘って新たな原発施設の建設を凍結していたアメリカも、チェルノブイリを経験している旧ソ連諸国も、例外なくそういう道を辿ってきました。

原発事故を経験してきたすべての国の人たちは、原発の危険性を嫌というほど教えられ、事故後一時的には脱原発の思いを強めたにもかかわらず、結局は時間の経過とともに原発容認へと揺り戻され、捨て去ることはできませんでした。

そうした人々のすべてが、その危険性は人間の努力でなんとか封じ込められるはずだという淡い期待と、未来のどこかでは、きっと必ず、本当に安全と言える原発を人類が手にしているはずであるという原発推進者たちの意見に説き伏せられ、無限に膨らみ続けていく人類の欲望を叶えるための道具として、禁断の果実に手を出し続けてきたのです。

そうである以上、今回の事故によって、日本だけが例外的な道を辿ることになるとはとても思えません。

そのことを物語るかのようなデータがあります。三月二十三日の地元紙に掲載されていた事故後初めて行われた世論調査では、すでにスリーマイル島原発事故の一四万倍の放射性物質が放出されたのではないかという深刻な原発事故の渦中においてさえ、原発を廃止すべきだと考えている人と増設すべきと考えている人の割合は、七・二%対六・五%とほぼ同数であり、減らしていくべきと考えている人たちと現状を維持すべきだと考えている人たちとの割合でさえもが四〇・〇%対三九・五%とまったく同数なのです。

その後、何カ月経っても、事態が収束に向かうどころか、逆に事故の深刻さを改めて浮き彫りにするような様相を見せつけ続けているため、世界の民意も、日本の人々の意識も、次第に脱原発へと傾きつつありますが、そうした流れはあくまで、福島原発事故の深刻な事態を見せつけられてのことなのです。この事態が収束するか、事故の生々しい記憶が薄れるかしたならば、その瞬間から事態は一転して、失われた電力への飢えや渇きに屈するように、必ずもう一度、逆の方へと民意を向かわせる揺り戻しが来ます。

なぜなら、スリーマイル島原発事故が起こった時も、チェルノブイリ原発事故が起こった時も、その後に世界の民意の辿った道筋がそうだったからです。

しかも今回は、ただ単に脱原発を目指せば良いわけではありません。脱石油、脱石炭、脱天然ガスといったすべての化石燃料の消費削減も同時に視野に入れなければならないのです。

そうである以上、ことはそう簡単ではありません。もし人々が、今の人生観、生命論、宇宙論、死生観、といった思想や哲学の上に立ち続けたままで脱原発を叫んでいくのだとすれば、その先に待っているのは、人々が夢見ている現実では決してありません。今の社会にある便利さ、快適さを求め続ければ、脱原発は不可能であると思い知らされ、次第に原発容認へと民意が揺り戻されていくという現実のはずです。

しかし問題は、「それが本当に賢明な判断なのかどうか?」ということなのです。

みなさんがどう思われるかは別として、私はその問いかけに対する答えを、今回の事故が起こるちょうど一年前に出版していた『聖なるかがり火』という本のなかで次のような形で書いています。

以下はその本の内容の抜粋に近い形での紹介です。

人類は今、誰の目にも明らかなほどに差し迫った存亡の危機に直面しています。

今人類が日々経験している夜明けの一つ一つは、母なる自然が人類を見限り、滅びの日々へと追い立て始めたかのような一歩一歩です。

遅ればせながら人類は、そのことに気づき、否定しがたい危機感のなかでそれを回避するための努力を様々に模索し始めています。

しかし、残念ながらその試みは、人類が今までと同じ自然観や生命哲学の上に立ったままに行うのであれば、いかなる熱意や努力によっても事態を改善することは不可能であると言わざるを得ません。

なぜなら、今の世界が抱え込んでしまっている問題のすべては、人々の努力や熱意が足りなかった結果として起こっているのではなく、人々の誤った努力や熱意の結果として起こっていることだからです。

つまり、今人類が直面している危機のすべては、今の世界を作り上げてきたすべての人々が、あらゆる熱意と努力のなかで、善かれと思ってなしてきたことの結果として起こっているということなのです。

そうである以上、人類が今後も、自らが行動を起こす時の指針となる自然観や生命哲学といったものに対する根本的な見直しをしないままに行うことは何であれ、事態を改善することにはならず、逆に、その熱意と努力のなかで滅亡へのカウントダウンを加速することにしかならないのです。

そしてその予兆は既に、世界のリーダーたちが提言し始めている地球温暖化対策の中にすらはっきりと現れています。

その一つが、原子力エネルギーの積極的な利用であり、バイオ燃料の無秩序な開発です。

（中略）

一見すると、石油などの化石燃料から原子力へとエネルギーを切り換えていけば、二酸化炭素の排出は抑制され、地球温暖化が引き起こす異常気象による人類滅亡へのカウントダウンというものはとりあえず回避できるような気がするかもしれません。

（中略）

しかし、そうしたことのすべては愚かな迷妄であり、それによって、今われわれに突きつけられている人類滅亡へのカウントダウンというものは決して回避できません。

なぜなら、石油などの化石燃料から原子力へとエネルギーを移行していけば、確かに二酸化炭素の排出は減らすことができるかもしれませんが、それは、地球温暖化がもたらす異常気象による存亡の危機というものを、ただ単に、原子力依存によって人類が抱え込まなければならない新たな存亡の危機、原子力発電所の事故や放射性廃棄物の蓄積による、より致命的な環境破壊がもたらす滅亡へのカウントダウンへと模様替えするだけのものでしかないからです。

（中略）

しかも、もし今の地球温暖化というものが二酸化炭素の排出によって起こっているものだとすれば、それは今この瞬間からでも、人間の努力によって改善することは可能ですが、いったん原子力依存によって作り出された危機というものは、今現在の人間の努力によっては、子々孫々の未来から排除することは決して不可能なものとして存在していくのです。

（中略）

この自然の中に、われわれ人間は〈不都合な環境〉や〈無用な生物〉の存在を見出しているかもしれませんが、それはあくまでわれわれ人間の目から見た場合の話であって、この地球の自然が、すべての環境とすべての生物の共同作業によって創り出されているものである以上、この地球上に、今現在の自然環境を維持する上で〈不都合な環境〉や〈無用な生物〉などというものはただの一つも存在してはいないのです。

この自然の中には、山もあれば谷もあり、砂漠もあれば湿地も草原もあり、川もあれば海もあります。

そして、そうしたすべての環境の中に、姿も生態も異なる幾百万種の生物たちが生息し、それぞれがそれぞれに対立し、支えあう利害関係のなかで入り乱れながらも、どれ一つの種の無秩序な繁栄も滅亡も引き起こすことのない、完璧とも言えるみごとな棲み分けと共存共栄の全体像のなかで今ある自然を創り出しているのです。

そのことは、われわれ人類が、そうした生物のうちのただの一つでも滅ぼしたならば、その瞬間にその生物の担っていた自然環境は失われ、その自然環境が失われたことによって、その自然環境に寄り添うように生きていた別の生物が滅び、その生物が滅んだことによってその生物に支えられていたもう一つ別の自然環境が失われ……といったドミノ倒しのように自然は止めどもなく壊れ去っていく可能性をも意味しているのです。

しかし、実際にはそうしたことは起こりません。

なぜなら、われわれに怪我や病気を治す治癒力があるように、自然にも自らのダメージを自らの力で修復していく回復力が存在しているからです。その力によって自然は今日まで、人間が与える様々なダメージからこの世界を守ってきたのです。

しかし、その力にも限界があります。

人間に自らの治癒力を超えた病や傷を治すことが不可能なように、自然にとっても、自らの許容範囲を超えたダメージを修復することは不可能です。

われわれが自然の修復力の範囲内で利用している間は、自然は自らの力によって、何ごともなかったかのように生態系の綻びを修復していくため、それほど大きな問題は起こりません。

がしかし、その許容範囲を一歩でも踏み越えてしまったなら、事態は一変します。

その時、われわれが科学を用いて自然を作り変える行為の一つ一つは、自らの知恵によって人類の未来を切り開いていく輝かしい一歩一歩に見えていたとしても、実際は、自らの愚かさによって、自らの未来そのものを打ち砕いていく自殺行為の一つ一つへと姿を変えてしまうものなのです。

人類が今まで《科学》というものによって好き勝手に自然を利用しながら生き延びて来られたのは、科学を手に入れた人類の偉大さゆえではなく、そうした愚かな人類の過ちを許し続けてきた自然の偉大さゆえなのです。

しかし人類はいつの頃からかそのことを勘違いし、まるで科学という武器を使いさえすれば自然をどのようにでも支配できるかのような愚かな幻影のなかで生き始めたのです。

そうした人類に対してヴェーダーンタは、人類が今、目の前に突きつけられている現実を正面から冷静に見据えることによって、〈愚かな迷妄〉から目覚めることを求めています。

目の前に突きつけられている現実とは、「人類は、自然を科学技術によって好き勝手に作り替えてきた結果として、手に入れた果実よりも遥かに大きな災いと憂いの種を、その自然の中に生み落とす結果になっている」ということです。

そして、人々が陥っている迷妄とは、それでもなお多くの人々が「それが人類の決定的な過ちではなく、科学がまだ完成の途上にあるということが原因のすべてである」と考えていることです。「人類が今抱え込んでいる問題のすべては、人類が今後もたゆまず科学をさらに発達させていきさえすれば、時間の問題として解決できることなのだ」と。

しかしヴェーダーンタは、「そうではないのだ！」とわれわれに告げます。

「それは、人類が科学を発達させていきさえすれば解決するような単純な問題ではなく、逆に、科学を高度に、より高度にと発達させていけばいくほどに致命的になっていく、非常に厄介な問題なのだ」と。

なぜなら、これまで科学の発達によって人類が手にしてきたものが、常に、科学の恩恵であると同時に、〈科学の発達〉＝〈科学の予測できなかった重大な問題の発生〉だったからです。

われわれ人類は、科学を発達させることによって多くの恩恵を手に入れてきました。しかしその反面、予測だにしていなかった多くの問題にも直面させられてきました。その時科学は、人類の未来に待ち受けていたそうした問題の何一つさえも事前に予測してはこなかったのです。

人類はいつの時代も、「科学の発達の先にあるのは科学の勝利であり、より良い世界の実現である」と信じ続けてきました。そして、科学の発達の先に待ち受けていると信じていたバラ色の未来を、常にその現実の中に生み落とされていた新たな問題が打ち砕き続けてきたのです。

その未来に待ち受けていた問題のすべて……オゾン層の破壊、酸性雨の発生、科学製品の製造と廃棄の過程で生み出される有毒物質による全地球レベルでの深刻な環境汚染、医学の発達を逆手にとって強毒化するウイルスや耐性菌の脅威、地球温暖化が引き起こし始めたノアの方舟の神話を思い起こさせる未曽有の災害の予兆、といったものの何一つを科学は事前に予測できませんでした。

それは常に、人類の思考の盲点に隠れ潜んでいたかのようにして、科学の発達が約束していた未来に、予期せぬ不測の事態として待ち構えていたのです。

そして、その事実を見せつけられながらも、それでもなお多くの人が、「科学さえ発達すれば後は何とでもなる……」というような夢を抱き続けてきたのです。

しかし、そうではないことを、人類が突きつけられている事態はそれほど甘くないことを、人々はやっと気づかされ始めています。

「科学さえ発達すれば後は何とでもなる」的な考えは、実は科学的な考察ではなく、何の科学的根拠も持たない非科学的な幻想だということに、です。それはただ単に、非科学的で無邪気な幻想であるばかりでなく、人類にとって極めて危険な妄想でもあるのです。

なぜなら、今まで科学の発達の先にあったものが、〈科学の発達〉＝〈科学の予測できなかった重大な問題の発生〉だった以上、その事実が形而上論的にわれわれに教える答えは、「われわれがこの先どれほど科学を発達させていったとしても、そうした未来にわれわれを待っているのは、〈より高度に科学の発達した世界〉ではあったとしても理想郷などでは決してなく、そうした科学文明によって生み落とされた、今ある危機を何倍にも増幅させた〈より深刻な問題〉を抱え込んだ世界である、ということにならざるを得ないからです。

（以上『聖なるかがり火』より）

今、われわれの目の前では、〈科学の発達が生み落とした重大な問題の発生〉の一つの象徴として、福島の原発事故が起こっています。

それは、原発の問題ではあっても、決して原発だけの問題ではありません。科学が発達していく世界に、今後も必ず起きるであろう重大な問題の、わかりやすい一つの象徴的出来事でもあるのです。

原子力の専門家を含めた誰一人として、この事故が起こるその瞬間まで、わが国の原発にこれほどの危険や問題が潜んでいたことを予測してはいませんでした。

そしてここにこそ、科学の発達が人知れずわれわれの世界に生み落としていく、〈科学の発達〉＝〈科学の予測できなかった重大な問題の発生〉というものの本当の恐ろしさや不気味さがあるのです。

一昔前のマスコミには、酸性雨の問題や、プラスチックゴミの焼却によって発生するダイオキシンや、化学物質が生み出す環境ホルモンや有毒物質による環境汚染といった問題が盛んに取り上げられていましたが、今はまったく目にすることはなくなっています。そのためわれわれの多くは、それが解決した問題であるかのような印象を持たされています。

しかしそれは、完全な間違いなのです。

何一つ解決などしていません。にもかかわらず、そうした問題がマスコミの報道から消え去っているわけは、そうしたものにいつまでも構っていられないようなより深刻な問題が、次から次へと発生し続け、そうした問題に押しやられてマスコミからその話題が消え去っているだけのことでしかないのです。

しかも、表面化しているものはあくまで氷山の一角であり、その水面下では、たとえば遺伝子組み替えやクーロン技術といったものの歯止めなき開発や産業化のなかで、〈科学の発達〉＝〈科学の予測できなかった重大な問題の発生〉としてどれほどの大きな危機が進行しているのかは誰にも知りようがないことなのです。

そしてそれが表面化した時、どれほどの悲劇的な出来事をこの世界にもたらすかについても、今この段階では誰も知り得ていないのです。

福島での原発事故が起こる直前まで、全世界の国々はたった一つの例外もなく、「徹底した安全対策と危機管理を講じて運用してさえいれば、原発は他のどんなものより安全である」という安全神話と、「原発こそが、人類の前に立ちはだかるすべてのエネルギー問題を未来永劫に亘って解決することのできる切り札である」という礼賛のなかで、原発推進、原発依存へと突き進もうとしていました。

しかし、この事故の直後から事態は一変し始めました。今回の事故を機に多くの原発推進国が、原発に依存したエネルギー政策を見直そうとし始めています。

なぜならアメリカ、フランス、ロシアといった大国の熱心な原発プラントの売り込みによって、原発推進国の仲間入りをしようとしていた発展途上国の多くが、今回の事故によって、自分たちが信じ込まされていた原発の〈安全神話〉というものが真実ではなく、原発推進を目論む人々の中にあった単なる希望的観測や楽観論が描き出していた妄想の類にすぎなかったことを思い知らされたからです。

しかし、だからと言って、そうした国々がこのまま一気に脱原発へと舵を切っていくかと言えば、おそらくそれは絶対にあり得ません。

なぜなら、原発がいかに危険を孕んだものであったとしても、その一方で、石油資源に限りがあり、地球温暖化対策のために石油資源の消費も減らしていかなければならないという問題を抱えている以上、原発に変わるエネルギー供給源は当面見当たらないからです。

そうした国々が取りうる現実的な見直しは、（福島原発事故が今のような深刻な状況を全世界に見せつけているうちはともかくとしても、この事故が一応の収束にいたった後は）脱原発ではなく、将来の脱原発を視野に入れながら行われる徹底した安全対策で新たに生まれ変わった原発の再稼働へと落ち着いていくはずです。

そして、ある日気がついてみれば、世界の原発事情は、事故以前とほとんど変わっていないはずです。

現に、今回の事故発生から三週間が経とうとする三月三十一日現在、フランス、アメリカ、ロシア、中国、イギリスといった大国のすべては、従来から論議を重ねてきた原発推進政策の見直しを行う意思のないことを明言しています。

第三章

次への警告

建物を崩壊へと導くひび割れは、もっとも強度の弱い部分を伝って広がっていきます。それと同じように、社会を破滅へと導く危機もまた、問題が解決困難であればあるほどに、その問題から目をそらし、決定的な事態に陥るまで先送りで逃げ続けようとする人々の弱さのなかで、止めどもなく膨らんでいくものです。

そして今、われわれの目の前に〈その最たるものの一つ〉として突きつけられているのがこの原発の問題なのです。

われわれがもし、人類が経験したもっとも破滅的な災害というものを神話にまで逆のぼって考えたとするなら、それはノアの方舟として語られている、すべての大地を呑み込んだとされる大洪水でしょう。そしてわれわれは今、地球温暖化の進む未来の中にその神話を見始めています。それが絵空事ではなく、地球の平均気温があと数度上昇しただけで、北極や南極の氷の大半は溶け去り、それと同じような大災害が人類を襲うであろうことが科学的に予測されているからです。

蛇足として言うなら、ノアの方舟のような大洪水の話は、旧約聖書の神話だけに語られている出来事ではありません。それより遥かに古く、ゆえに人類最古の聖典とも呼ばれている、インドのヴェーダという聖典にも語られているのです。

ヴェーダという聖典は、人類の歴史が、われわれが考えているようなひとつながりのものではなく、われわれの考えているよりもっと遥かな太古から存在してきたものであり、そうした過去から人類は進化し、高度な文明を築いては滅び去り、進化し、高度な文明を築いては滅びるということを繰り返してきたのだと教えています。

そして、そうしたすべての文明を、時代の節目節目においてこの世から消し去っていったのは世界を呑み込む大洪水だったのだと教えているのです。

そうした神話から何か暗示的なことを感じ取るかどうかは別にしても、そうした神話に語られている天変地異を「たわいもない絵空事」として笑い飛ばすことのできないような事態が、刻一刻と、未来に迫りつつあることをわれわれは知っています。だからこそ、ある時期を境に、あらゆる国が二酸化炭素を排出しない原発推進という政策を取り始めたのです。

しかし、それは間違いなのです。

それは、前記した地球温暖化がもたらす異常気象による存亡の危機というものを、ただ単に、原子力発電所の事故や放射性廃棄物の蓄積による、より致命的な環境破壊がもたらす滅亡へのカウントダウンへと模様替えするだけだからです。

したがって、地球温暖化を避ける手段として、原子力発電に頼ろうとすることは完全な間違いなのです。

もしそれが許されるとするなら、それは、原発が本当に安全な場合だけです。

しかしこの世のどこにも、安全な原発というものは存在しません。

安全な原発というものは、人々の幻想や妄想の中に存在しているだけであって、現実の世界にはどこにも存在していないのです。すべての原発は、このまま運用され続ける限り、いずれは、原発を有するすべての国で、今回の事故かそれ以上の事故を一〇〇％と言っていい確率で引き起こすものとしてしか存在しません。

そのことは、形而上論のなかで簡単に証明することができます。

人間は誰でも必ず何らかの形でミスを犯す生き物であり、機械は必ずいつか故障するものであり、人間の考えつくことには必ず本人の気づいていない見落としや考え違いがあるものです。

われわれの中に、過去に一度も、パソコンのキーボードを打ち間違え、予期していなかったコンピューターの誤作動に戸惑ったことのない人がいるでしょうか?

車を運転している時に、一度も事故を起こしたり、油断や過信のなかで安全運転をおろそかにしたことのない人がいるでしょうか？

刃物を使っていて、一度も怪我をしたことのない人がいるでしょうか？

道を歩いていて、一度も物にぶつかったり転んだりしたことのない人がいるでしょうか？

絶対に壊れない機械などというものを手にしたことのある人がいるのでしょうか？

この先何が起こるかわからない未来の出来事に対して、完全無欠といえる安全対策や危機管理を講じることのできる人はいるのでしょうか？

もしいないのであれば、その事実からわれわれが学ばなければならないことは、今ある世界中の原発のすべては、遅かれ早かれ、関わる人々の陥る油断やミス、安全対策や危機管理の不備、機械やシステムの誤作動、予期せぬ災害や不測の事態のために、ほぼ一〇〇％事故を起こすものだということなのです。

〈一〇〇％安全な原発〉どころか、たとえ〈一％の安全性を持つ原発〉でさえ、人々の幻想の中に存在するだけで、現実の世界のどこにも存在しておらず、事故を起こすまでの間だけ、一時的に安全な原発として〈仮の〉姿を取っているだけのことなのです。


もちろんそうしたことは、原発だけに限った話ではなく、すべての機械に対して言えることです。しかし、他のすべての機械と原発にはただ一つだけ決定的な違いがあります。

それは、車や他の機械の故障による事故の被害は、人類全体にとっては十分許容できる程度に留まりますが、原発の事故だけはそうではないのです。一度起きてしまった放射能汚染は、人の手ではどうすることもできず（プルトニウムの半減期が二万四〇〇〇年であることを考えるなら）、人類の歴史よりも長い年月に亘ってこの地球を汚染し続けることになるのです。

ノアの方舟の神話のなかでその大洪水の後、人類に待っていたのはそこから始まる新たな希望でした。

しかし、もし仮に、今この世界にノアの方舟のような大洪水が起こったとしたら、その洪水が引いた後の世界に生き残った人類を待っているものは希望ではなく、世界中の原発という原発が、今度こそ事後処理をする人が誰もいないなかで完璧なメルトダウンを起こし、大爆発を起こし、その放射能汚染のなかで、（何の誇張でもなく）その後何万年にも渡ってこの地球をすべての生物にとっての〈死の世界〉にし続けていくという光景なのです。

しかもこの原発は、それがたとえ未来永劫何一つ事故を起こさないまま稼働し続けたとしても、放射性廃棄物というさらに厄介な問題を子々孫々に亘って人類に背負わせ続けていくのです。

その放射性廃棄物は、人がそばに立てば二〇秒もかからずに一〇〇％死に至ると言われているものです。原発推進派の人々はそれを、再処理の後にガラスと混ぜ、ステンレス容器につめて地下三〇〇メートルに埋めようと計画していました。しかし、それが安全である保証など、どこにもないのです。

そこにあるのは、「何があってもわれわれの原発が事故など起こすわけがない。原発にはあらゆる不測の事態に対応できる完全な安全対策が取られていて、絶対安全である」という関係者たちの一方的な主張だけなのです。しかも、もし仮に一〇〇歩でも一〇〇〇歩でも譲って、再処理の後にガラスと混ぜてステンレス容器に詰めて地下三〇〇メートルに埋めれば何の問題もなくなると仮定したとしても、その運搬途中に起こる事故、埋める途中で起こる事故、埋めた後に起こる地殻変動による容器の破損からくる地下水の汚染などについて、その安全は未来永劫一切保証されないにもかかわらず、それでも「絶対安全である」と主張し、テレビCMを大々的に流し続けてきたのです。

それはわが国に限ったことではなく、原発の存在する世界のすべての国で行われていることなのです。

「この世のどこにも、一〇〇%安全な原発など存在しない」ということは、3・11の福島原発事故以来、世界中の人々が身に沁みて知ることとなりました。

しかしそれでもまだ、多くの人々が心のどこかで無限のエネルギーを生み出す原発との共存を夢見ています。なぜならそうした人々のすべてがまだ、「人類と共存できるような〈安全な原発〉というものは、それを夢見る人々の幻想や妄想の中に存在しているだけのものであって、現実の世界にはどこにも存在してなどいないのだ」ということを本当の意味では理解できていないからです。

事故を起こさない安全な原発などというものは世界中のどこにも存在していません。物理的側面からだけ見るなら、事故を起こさない安全な原発というものは存在します。原発の耐用年数がおよそ四〇年程度なので、四〇年間無事故のまま廃炉となれば、それは「事故を起こさない安全な原発であった」と言うことはできるからです。

しかし、形而上学的に見た場合には違うのです。

なぜなら、人類が原発に頼り続ける限り、無事故のまま四〇年の寿命をまっとうした原発の廃炉は、新たな原発の建設と引き換えでなければできないことだからです。

つまり、今現在地球上に一〇〇〇基の原発があるとすれば、四〇年後にその原発のすべてが無事故のまま廃炉になったとしても、その廃炉となった原発はこの世から消え去ったわけではなく、新たに建設される原発に姿を変えただけで、その後も、いつの日か事故を起こす一〇〇〇基の原発として、事故を起こす瞬間まで存在し続けていくことと同じなのです。

福島の原発事故を経験した今もなお、人々の心のどこかには、「今回の事故によって、改善すべき多くの問題点が浮き彫りとなったのだから、今後はそれを教訓として、徹底した安全対策と危機管理のなかで運営されるのであれば、今あるすべての原発を〈十分に安全だ〉と言えるものにすることは可能なのではないだろうか」というような思いが存在しています。

「大量の電力供給なしには社会が成り立たないという事情がある以上、今われわれが取り組むべきエネルギー政策としては、より安全な原発という議論はあり得たとしても、脱原発という議論は単なる理想論であって、現実問題としてはあり得ないのではないだろうか」という思いとともに……。

しかし、その考えは間違っているのです。なぜならその考えは、福島の原発事故が現状の被害で収まっているのを見て、「たとえ最悪の事態に陥ったとしても……」というような考えの上に立ったものだからです。

しかし、今回の福島の原発事故がこの程度の被害で収まっているのは、「たとえ最悪の事態に陥ったとしても……」というような、原発の安全性を逆説的に物語っているものなどでは決してありません。

もしそう思っている人があるとしたら、そうした人々は今一度、今回の事故の推移を振り返ってみてください。そうすれば、私が何を言いたいのかがわかるはずです。

福島原発事故は、起こるべくして起こったことではありますが、決して、この程度の被害で収まるべくして収まったものなどではありません。

本当なら、今回の事故は、チェルノブイリ原発事故と比べても、遥かに悲惨で壊滅的な被害をもたらす事故になるはずでした。

しかしそうならなかったのは、そうなることを防いでくれた、たった一つの、偶然の出来事が介在したからにすぎません。

それが何だったのかを知るためには、今回の事故の経緯をもう一度冷静に見直す必要があります。以下は、そのための作業です。

福島の原発事故が起こった時、その対応に追われる関係者たちの目や意識のすべては、地震によって緊急停止した原子炉への対応だけにしか注がれてはいませんでした。

その時の関係者のすべては、襲い来た津波によって原子炉の命綱である電源のすべてが失われた結果、炉心が一気にメルトダウンへ向かうという、悪夢のような出来事への対応に追われるだけで、その陰で、秘かに進行していたもう一つの危機については誰も気がついていなかったのです。

さらに壊滅的な原発事故へのドラマが、〈使用済み核燃料〉をもう一つの主役として、静かに、そして着々と進行していたことには……。

地震の発生と同時に、稼働中だった原子炉のすべては緊急停止しました。しかし、そうなった時の頼みの綱であったはずの非常用電源が、その後に襲ってきた津波によって破壊されたため、原子炉の冷却システムが機能しなくなり、その結果として原発を最悪の事態から救うための戦いが始まりました。

しかし、再臨界や核燃料のメルトダウンは、緊急停止した原子炉だけに起こるものではなく、〈使用済み〉として何カ月も前に原子炉から取り出され、巨大なプールの水中深くに沈められたまま保管され続けている核燃料にも、まったく同じように起こり得る事態だったのです。

しかもそれは、稼働中の原子炉に想定される危険性の認識と違い、すべての関係者にとって完全に想定外のことであったために、ある意味、稼働中の原子炉に迫りつつあった危機より深刻な事態であるとも言えるものでした。なぜなら、それは初めから見落とされていた危機であるため、その対応策も完全に抜け落ちていたからです。

すべての電源を失った後も、原子炉圧力容器や格納容器への屋外からの注水を可能とするシステムは危機管理として設計段階から存在していました。しかし、すべての電源を失った後の使用済み核燃料保存プールに外部から注水するルートはどこにも存在していませんでした。

しかも、その使用済み核燃料保管プールは、原子炉のように格納容器や圧力容器といった物によって密閉されていないむき出しの状態で建屋内に設けてあったため、メルトダウン以前に起こる燃料棒被覆管損傷の時点で、瞬間的にあたり一面を致死量の放射能で人の立ち入れない世界に変えてしまうことをも意味していたのです。

そして、いったんそうなってしまえば、誰も、いかなる手段をもってしても、現場へ近づくことができなくなってしまうため、その後の事故を収束させるための作業が何一つできなくなってしまうことを意味していたのです。そうなった後に関係者ができることは、「もはや、誰にも、何もできないのだ」と宣言して、すべての人々を現場から退去させながら、あとはただ、本当に、誰にも何もできないまま、重大な秘密をいまだにヴェールの奥深くに隠し続けている、チェルノブイリ原発事故の再現しかありませんでした（当時、その事故による直接的な死者は五六人、間接的な死者の数は四〇〇〇人というのが、ソ連の発表でした。しかし実際は、本当の直接的死者が何人いるのか、間接的な死者が何万人いるのかさえ、誰にも把握されないままに、世界の片隅に放置され続けているのがチェルノブイリ原発事故です）。

しかも、チェルノブイリでの原発事故が、たった一基の原子炉の事故によるものであったのに対して、福島の原発事故は、最低でも原子炉三基と、それぞれの使用済み核燃料プールでの事故をさらにプラスするという、途方もないものになりかねないものでした。

それに初めて彼らが気づいたのは、事故発生から三日が過ぎようとする三月十四日になってからのことです。しかも、彼らが科学者としての慧眼によって事前に気づいたのではなく、ただ単に、監視カメラ越しに観察していた原子炉建屋から大量の水蒸気が立ちのぼっていることを発見し、その時初めて、「あっ！」と気づかされただけのことだったのです。

そしてそのことを思い出した時には、われわれが決して忘れるべきでないことが一つだけあります。

それは、「それがわかった時、原発関係者の誰一人として、それを解決する手段を持っていなかった」ということです。


みなさんは思い出さないでしょうか？　ちょうどこのあたりの時期に、東電側が突然、原発事故の現場からの全面撤退を口にし、それを聞いた管総理が「そのようなことが許されるか！　事故を引き起こした責任者としての覚悟を決めろ」と一喝したとかしなかったとかいうような話が、マスコミを通じて報道されていたという事実を……。被災者救援のために現地入りしていた自衛隊に、政府を通じて緊急の出動要請が下り、放射能被爆防止用のタングステンシートを床一面に敷きつめたヘリに、防護服の上にさらなる被爆防止用の鉛のスーツで身を固めた隊員を乗り込ませ、山火事消化用のバケツに汲みあげた海水を原子炉建屋に投下するために決死の覚悟で飛び立たせるという、緊迫した場面があったことを……。

本来であれば、そうした事態のなかで、今回の原発事故は今より遥かに凄惨で、壊滅的な被害をもたらす事故になっていてもおかしくないものでした。

というより、そうなるはずのものだったのです。

しかしそうならなかったのは、そうなることを未然に防いでくれたある一つの出来事があったからです。

その〈出来事〉とは、地震や津波を引き起こしてわれわれに襲いかかってきたものと同じ、われわれの世界を人知の及ばない根源的なレベルから支配し続けている不可知の力が、まるでわれわれに（今回に限り、という但し書き付きで）執行猶予でも与えるかのように〈不測の事態〉として引き起してくれたものです。

われわれを最悪の事態から救ってくれたその〈不測の事態〉とは、原子炉建屋の水素爆発による崩壊です。その爆発によって原子炉建屋が吹き飛んでくれたおかげで、その中に設けられていた使用済み核燃料保管プールへの、外部からの注水、……特に無人の放水車を停めたままでの連続的な注水冷却が可能になり、その先に待ち受けていた「最悪の」という表現すら軽々しく思えるほどの壊滅的な原発事故から日本が救われることになったのです。

もしこの初期の時点で、原子炉建屋にその外壁を破壊する水素爆発が起こっていなかったとしたら、その中に隠されていた使用済み核燃料保管プールで起こっていた異常を知らせる大量の水蒸気が外に漏れだして関係者の目に触れることもなかったために、その緊急事態に関係者が気づくこともなかったはずです。たとえ気づいたとしても、原子炉建屋で密閉され外部からの注水ルートのまったく存在していなかったこのプールに水を注水し、使用済み核燃料の再臨界への暴走を止めることはおそらく不可能なことでした。

そして一旦そうなってしまえば、その後の事態は今とはまったく違ったものになっていたはずです。

その後に待ち受けていた事態とはおそらく、事故への対応のすべてを関係者が放棄して逃げ出し、すべての原子炉とすべての使用済み核燃料が、人類がいまだかつて経験したことのなかった悪夢のような原発事故へと拡大していくさまを、ただなす術もなく見守る以外ないものだったはずです。

そうなることからわれわれを救ってくれたのがこの原子炉建屋の水素爆発だったのです。

この偶然の水素爆発がもたらした幸運を今さら取り上げても、何一つの感動的な人間ドラマも、人々の興味をかきたてるような再現ドラマも生まれないために、このことに言及しているマスコミ報道は存在しませんが、原子炉建屋を崩壊させた水素爆発は、放射能で汚染された大量の瓦礫を散乱させ、配管や電気系統への少なからぬダメージも与えたことによって、その後の事後処理を極めて困難にしたという一面はあったにしても、それでもなお、われわれを今回の事故の先にあった真に最悪の事態から救ってくれた救世主であったことには間違いないのです。

そしてこのことを思う時、われわれには決して忘れてはならないことがもう一つだけあるのです。

それは、この水素爆発を、当然のことながら、原発関係者は阻止しようとしていたことです。しかしその努力のかいもなく水素爆発は起こり、結果的にわれわれは、その後に待ち受けていたはずの最悪の事態から救われたのだということです。つまり、今回の原発事故は、それを引き起こしたのも人間のミスではなく、その事故の先に待っているはずだった最悪の事態から救ってくれたものも人間の力ではなかったのだということです。そこに、人間の知恵や努力といったものはまったく関与していません。われわれは、こうした力を前にしては完全に無力なのだということを、努々《ゆめゆめ》忘れるべきではないのです。

だからこそ、われわれはこの先、原発というものに思いを馳せる時には必ず、自らに問いかけ続けなければならないのです。

「それでも、われわれは原発を持ち続けなければならないのだろうか？」

「それはいったい、何のためになのだろうか？」と。

原発は今までに繰り返し事故を起こし、自らの危険性を嫌というほどわれわれに教えてきました。それはまるで、「これでもまだ、あなたがたは私をあなたがたの欲望をかなえる道具として求め続けるのですか？」とでも問いかけているかのようです。

そして、その問いかけに人々が出し続けてきた答えは、「イエス！」だったのです。

われわれは、これまでに原発が引き起こしてみせた事故によって、その危険性について学ぶべきことのほとんどすべてをすでに学び終えています。われわれの誰もが、知識としては、原発がいかに危険なものかを知っています。

それでもなお、多くの人々は原発という禁断の果実を求め続けているのです。

それはまるで、これ以上手を出し続けていれば、自分に待ち受けている未来が何であるかを十分わかっていながらも、薬物を求めて、売人に群がっている覚醒剤中毒者のようでもあります。


今回の事故は、そうした世界にも大きな変革の兆しをもたらすような、きわめて強い衝撃を与えたかもしれません。しかし、それでもなおわれわれは、それを自分たちの手で成し遂げていかない限り、世界が自発的に脱原発へと本格的に舵を切ることなど一切期待できないのです。

なぜならそれは、それを決断するすべての人々に対して、「もう元へは戻れない。戦後の廃墟の中からがむしゃらに経済成長を目指してきた時代、エネルギーを使うことが『よいこと』とされてきた時代、街をネオンで飾りたてることが近代国家の繁栄のシンボルとして無条件に市民権を得てきた時代に戻ることはもはやできないのである」というように、自らの退路を断つ強い決意を求めるものだからです。

こうした未来への取り組みは、たとえそれが「それは何としてでもやらなければならないことでもある」とわかっていたとしても生半可な決意でできるものではありません。

しかし、われわれがもし、自分の子供や孫や生きとし生けるすべての同胞たちに、ノアの方舟のような大災害も、放射能で汚染され尽くした世界での悲惨な人生も送らせたくないと望むのなら、そうした災害の種をこの世界にまき散らしてしまった者の責任として、何を置いてもしなければならないのです。

こうしたことは、今回の事故をきっかけとして、世界中のすべての有識者たちが一様に感じ始めていることかもしれません。

しかし、だからと言って、そうした人々や国にわれわれが多くを期待することはできないのです。

なぜなら、福島の原発事故が、世界中の施政者たちにどれほどのショックと危機感を与えたとしても、それはしょせん、日本という地震の多発する極東の小さな島国に起きた、巨大地震と巨大津波による原発事故という極めて特殊な他人事でしかないからです。

そうである以上、今回の原発事故を目の当たりにしたすべての国の施政者たちの脳裏には、原発の危険性の再認識とともに、「わが国に今すぐあのような大地震が起こる可能性も大津波が押し寄せてくる可能性もほとんどない。今回の事故によって、わが国の原発の安全性まで否定されたわけではない」という思いが必ずあるはずなのです。

「確かに、今回事故が起こったことは不幸なことである。しかし、そのことによって、原発の危険性と同時に改善すべき多くのことも明らかになった。われわれはそれを教訓として、より万全な危機管理体制や安全対策を講じることができ、科学技術も日進月歩に発達していくわけだから、今回の事故を受けて今すぐ原発の開発をすべてやめるべきということにはならない。少なくとも、現状を維持しながらもう少し他の国々の様子を見るための時間的余裕はまだ残されているはずだ。この先科学が発達すれば、また事情は変わるかもしれないのだから」と。

そうした逃げ道がある限り、彼らが、脱原発などという困難な政策に政治生命をかけて取り組もうとすることも、それに成功することなども絶対ありません。

もしそれができる国が残されているとすれば、それは世界中でただ一国、日本だけです。なぜなら、今回の出来事によって、日本の退路は既に半分断たれているからです。後は、残った半分の逃げ道を自らの意志でふさいで、その問題に正面から取り組んでいく決意ができるかどうかが試されているだけです。

もしその決意さえできたならば、われわれはおそらく、成功するでしょう。

なぜならわれわれ日本人の中には、元々、「エネルギーを使うことが〈よいこと〉とされるような考え」も、「人類が繁栄していくためなら、自然をどのようにでも、好き勝手に作り替えてもよい」などという考えも、一切なかったからです。

それは、外の世界から異文化や外圧として持ち込まれたものであって、明治維新以前の日本人の心や文化の中には一度も存在したことのなかったものなのです。

日本人が古来から日本人として育んできた文化の中にあったのは、自然を人間の好き勝手に作り替えて利用するなどという傲慢な考えではなく、人間の生活空間の中にさえも自然をより近しいものとして取り入れることであり、自然を崇め、自然の偉大な懐により深く抱かれることによってその恩恵を分け与えてもらおうとするようなものでした。

そうした自然観や美徳に支えられた生活は貧しかったわけではありません。それどころか、かつての時代を見聞した異邦人たちに「黄金の国」と呼ばれるほどのきらびやかな文明を花開かせたり、世界最大の都市・江戸を築き上げたりしていたのです。

つまり、われわれ日本人の中には、自然を支配しようという物質文明は存在しなかった代わりに、自然とのもっとも理想的な共存のなかで、世界中のどの国より活気に満ちた都市を築き上げることのできる、スピリチュアルな精神文明に支えられた物質文明があったのです。

自然を支配しようとする物質文明が完全に行き詰まっている今、その危機の中から人類を救うことのできる唯一のものがあるとすれば、それはこの、もっとも少ないエネルギー消費と環境破壊のなかで、活気と人間味に溢れた街を作り上げることのできてきた、われわれ日本人の胸の奥深くに今なお眠り続けている生命観であり、自然観でありスピリチュアリズムなのです。

それをもう一度甦らせていけば、われわれは、今の消費電力や消費エネルギーの半分を捨て去ったとしても、今以上に活気と魅力に溢れた新しい日本を復興していくことは決して不可能ではないはずなのです。

なぜならそれは、今街にあふれかえっている無駄にきらびやかな明かりの数の半分を失うことになったとしても、その明かりを手に入れる過程で失ってしまっていた〈人として失うべきではなかった多くのもの〉……より人間らしい生活や人間としてのドラマ、人情や秩序や潤いに満ちた社会や自然といった様々なものをそれと引き換えに取り戻していくことでもあるからです。

しかもそれは、だからといって、科学の発達に背を向けて進むような、時代への逆行を勧めるわけでは決してありません。それは、大切な〈何か〉を取り戻すことによって、科学の発達の方向性を、もっと、人間や人間以外のすべての生物にとってより良いものにしていく新たな挑戦の始まりを意味しているだけなのです。
そのためには、われわれがこれまで、何の疑いも許されない奇妙な強迫観念のなかで信じることを強いられ続けてきた、「科学の発達は何であれ、すべていいことである」という幻想を自らの手で打ち砕いていく、新たな価値観の構築と見直し作業も必要となってくるのです。

そのあたりの事情についても、私は、『聖なるかがり火』という本のなかで詳しく述べています。
以下はその本の内容の一部です（本来ならこうしたことは、新たに出版する本のなかでは、新たな視点と表現で紹介するべきものなのかもしれませんが、今回はできる限り早くこの本を出版したいという思いと、『聖なるかがり火』という本がまったくと言っていいほど売れていない本なので、今回に限って許されることかなという思いのなかで、このまま紹介させていただくことにしました。すでに読んでいる方にはお詫びします）。

……誰かが人類の歴史を振り返ったならば、おそらく、現代ほど唯物論的に世界を取り扱った時代はないだろうし、現代ほど頭脳や科学というものに絶対的な価値と、見果てぬ夢を見いだそうとしている時代はないような気がします。

そして、現代ほど人間が、命に対する尊厳も、自然に対する尊厳も見失い、悠久の歴史のなかで自らの中に育まれてきた人間性や社会性といったもののすべてを見失っている時代もまたないような気がします。

それでも、そのことと引き換えに、人類が知的に進化し、真に賢くなっているのであればまだ救いはあります。

しかし残念ながら、ヴェーダーンタはそれを否定します。

「人類は、人類が思っているほど賢くなっていないのだ」と。

もちろん、多くの人はそうした意見に対して異論を唱えてくるでしょう。

「われわれはここ数百年の間に、驚異的な知的進化を遂げたのだ」と。

「その証は科学であり、科学は、われわれの生活を豊かで、快適で、便利にしただけではなく、このまま科学を発展させていきさえすれば、やがて人類は、老いにも病にも死にも苦しめられることのない、夢のような世界を築くことさえできるかもしれないと感じさせるほどの偉業を達成しつつあるのだ」と。

「われわれは今、その科学によって、地上だけでなく、宇宙にまで生活の場を広げつつあるのだ」と。

しかしヴェーダーンタは、そう誇らしげに主張する人々に対しては、静かにこう問いかけてきます。

「なるほど、あなたがたが言うように、確かに人類は科学を発達させ、生活を豊かで、快適で、便利なものにしてきたかもしれない。しかし、そうして人類が科学を発達させていけばいくほどに、生活が豊かで、快適で、便利になり、目新しい機械で溢れていけばいくほどに、人々の心からは、苦しみや悩みや悲しみの種が取り除かれ、社会は、それ以前の社会より幸福で満ち溢れるようになってきたのだろうか?」

「家庭は愛に満たされ、社会は住みやすく、世界は平和になったのだろうか?」

「自然は、あなたがたとその子孫たちのために、より豊かで、より美しく、より不安のない未来を約束するようになったのだろうか?」

「科学が、人類の生活の場を、宇宙へ、宇宙へと広げていこうとすればするほどに、人類は地上での生活の場を失いつつあるのではないだろうか?」

そしてこう続けます。

「たとえそうしたすべての問いかけに対する答えが、あなたがたの明らかな敗北を意味するものであったとしても、それでもなおあなたがたは、『人類の未来を切り開いていくことのできる唯一の希望は科学であり、科学を発達させていくことができさえすれば、いずれはきっと、人類の目の前には夢の楽園のような世界が待っているはずなのだ』というような夢を見続けようとする。……だとするなら、はたしてそれは、あなたがたが賢くなった証なのだろうか？　それとも、愚かになった証なのだろうか？」

（中略）

「人類が、人類だけの都合によって自然を好き勝手に作り替えようとする行為は、全体を支配している自然の摂理や秩序を完全に無視して、目の前にあった（自分にとって）都合の悪い出っ張りを、無理やり叩いて引っ込めてしまっただけのようなことでしかなく、世界のどこかでは、その時使った力がそっくりそのまま作用して、そこに新たな（人類にとって都合の悪い）出っ張りを生み出す結果になっていることを意味しているのだ。

その時、世界のどこかに生み落とされているその出っ張りは、人類が自然のあり方を不用意に歪めた結果なので、元々あった不都合より、より重大な不都合として人類の行く手に立ちはだかってしまうことになるのだ」

つまり、「人類がこの先、どのように進化し、どれほど高度な科学力を手にしたとしても、そのことによって世界を人類にとってだけ都合のいいように作り替えようとするのであれば、それは必ず、人類を育んでいる自然の中にその反作用として生み落とされていく、人類にとってより不都合な自然現象と常にワンセットである」

（中略）

ヴェーダやヴェーダーンタに開示されている生命モデル、宇宙モデルといったものは、

「このまま人類が、自分たちの一方的な都合だけを持ち出して、全体的な自然の言い分をまったく無視した傲慢なやり方で自然を好き勝手に作り替えようとするならば、その結果として手に入れることができるものは、豊かさでも快適さでも便利さでもなく、その反作用として自然の摂理が生み落とす、人類が手にした豊かさも快適さも便利さも打ち砕こうとする新たな災害であり、新たな悲劇である」とさえ警告してきます。

しかし、だからといって、人類が科学を発達させることによって、快適さや便利さや繁栄を求めてはいけないと言っているわけではないのです。

ただ、「敵対する勢力への力ずくでの戦いが、勝っても負けても真の平和を生み出すことなく、新たな戦いの火種や、争いのための争いしか生み出していかないように、手段を選ばぬ傲慢さですべての環境を人類にとってだけ都合のいいように作り替えようとする科学というものは、決して人類に真の繁栄をもたらすことも、幸福をもたらすこともない」と警告しているだけなのです。

（中略）

われわれがもし、頭脳というコンピューターを通してのみ自然を理解しようとするならば、そこに物質として観測することのできる物理現象にだけ目を奪われて、自然が自らの〈存在〉の深遠に隠し持っている神秘を見いだすことは永遠に不可能です。

しかし、頭脳を離れ、自らの内なる英知である霊性に立ち返って眺めるならば、われわれはそこに、人知によっては窺いしれない神秘の営みのなかですべての生物を生み出し、育んでいる、母なる自然としての姿を見いだします。

母と名のつくすべての母親は、自らが生んだ子供がいかに愚かで親不孝であったとしても、母性愛ゆえに、生きるために必要なもののすべてを与えながら育てます。そしてそれが許されるものなら、その子供が欲しがるものをできる限り聞き入れて、身を削ってでも用立てようとさえします。

しかし、われわれを生み落としたこの母なる自然には、人類以外にも（もっとも原始的な生命体であるアメーバから、高度に進化した哺乳類に至るまで）無数の子供としての生物が存在しています。したがって、そうしたすべての生物の母である自然は、人類の言い分だけ聞いて、欲しがるものを無制限に与えるわけにはいかないのです。

真に賢く、徳の高い子供であればそのことをすぐに理解し、それ以上のわがままを言って母親を困らせるようなことはしません。しかし、愚かで利己的な子供は違います。彼は、母親をどれほど嘆き悲しませたとしても、自分の欲望を叶えるためには、鞭打ってでもそれを奪い取ろうとします。たとえそのことで母親が血を流し、涙を流したとしても、気に留めようとさえしません。わがまま放題、したい放題に振る舞い、母親と自らの幼い兄弟姉妹たちの幸福と生活のすべてを踏みにじり続けます。

それが、知的進化によって万物の頂点に立ったと主張する人類が、この僅か数百年の間に母なる自然そのものにしてきた仕打ちそのものなのです。

母親を鞭打ち、その母親の流す血と涙のなかで手に入れた富のなかで、自分だけが面白おかしく遊び呆けて生きようとするような子供が、どうしてそのような人生の中に真の幸せなどというものを勝ち取ることができるでしょうか?

母親は、母性愛ゆえに、どのような子供であったとしても自らの手で滅ぼそうとはせず、様々な戒めや説得のなかで改心を待つかもしれません。

しかし度が過ぎた悪行は、例外なく法によって裁かれることになります。それが天の法であればなおさらです。

天の法とは、唯物論者たちにも理解できるように言えば、原初においてこの宇宙を生み落とし、今なお育み続けている自然の摂理に秘められている力のことです。


かつての世界において、そうしたことを若者たちに教え諭すのは、世俗から隠遁し、達観の境地に至った、賢者や大師たちの仕事でした。われわれの世界から、そうした老人たちが姿を消し始めた瞬間から、人類の歩みは今ある堕落へと、破滅へと向かい始めたのです。

したがって、われわれが本当に、今目の前に差し迫っている危機を回避したいのであれば、そうした英知に輝く隠遁の賢者を何としてでも見つけ出す必要があります。

もし仮に、すでにそうした人々がわれわれの世界から消え去っているのであれば、そうした人々が残した教えの一つでも見いださなければなりません。そしてその時、人が信じるかどうかは別として、秘められたインド、聖なるインドを探求してきた多くの異邦人たちが、そこには今なお、真の叡知を悟った人々がリシとしてヨーギとして聖者として暮れ潜んでいることを伝えてきたという事実があるのです。

そして、そうした賢者たちの口から真理を開示する哲学として語られてきたのがヴェーダーンタです。

ヴェーダーンタは、幾千年もの時を超えて、われわれにこう語りかけてきます。「人を破滅させる最大の要因は欲望であり、人をして世界を破滅へと追い込む最大の要因もまた欲望である」と。なぜなら「人の欲望というものは、一つの願いが叶えられれば、その叶えられた欲望を燃料としてさらに燃え盛っていく炎のようなものであり、望んでいたものを手に入れたからといって満足して鎮火していくようなことは決してなく、何か望みが叶えば叶うほどに、何かを手に入れれば手に入れるほどに、それ以上のものを求めて、より強く、より激しくと燃え続け、世界をその炎で焼き尽くすか、自らを滅ぼすかするまで消えないものだからである」と。

したがって、「もし人類の文化が、自らの欲望を適切なレベルに制御しようとするものから、無制限に開放しようとするようなものに変わったとするなら、それはその瞬間から人類が、自分と世界の双方を破滅させるための道を知らず知らずのうちに歩き始めたことを意味している」と。

（中略）

「母なる自然の中には、たとえどれほど多くの人々が生み落とされていたとしても、そこに生きるすべての人々の必要を満たし育んでいくだけの十分な富は用意されている。しかし、それがたとえたった一人の人間の欲望であったとしても、もし無制限に膨らんでいくのであれば、たった一人の欲望と言えども満たし尽くせるような富は世界のどこにも用意されていない」と。

（以上、『聖なるかがり火』からの抜粋）

無限に膨らみ続ける欲望を満たす果実を求めて突き進んでいる船の舵を切ろうとする以上、それをなそうとするわれわれには、多くのことを我慢しなければならないという苦痛は伴うでしょう。

しかし、肥満に苦しむ人が食事制限によって健康を勝ち取るように、舵を切ることによってわれわれが得られるものは、それによって失うもの以下では決してないのです。

もし、それでもあなたが、「私は、今ある生活の何一つを見直したくもなければ、我慢もしたくない。だから今までどおり勝手気ままに生きさせてもらう。そのことによって世界が滅びるというのなら、滅びればいい。もともと世界は生まれた瞬間から、いつの日か滅びる運命にあったのだ。そんなこと私の知ったことではない。私にとって一番大事なのは、今ある快適な生活を思う存分楽しむことであって、本当にそうなるかどうかもわからないような架空の未来の話に付き合わされて何かを我慢しながら生きることなどではない。それが私の生き方であり、そのことと引き換えなら、たとえ明日世界が滅びることになったとしても、私は何一つ後悔などしない」というのであれば話は別ですが、そうでない限りは、こうしたことについて真摯な態度で向き合おうとすることも、これから先の時代を生きていこうとする人々にとっては必要となってくることなのです。

第四章

踏み出すべき最初の一歩

これから先、脱原発から始まる新たな科学文明の構築に取り組むとなった時、われわれは試練として何を覚悟しなければならないのか？　その先に待っている希望として何を見なければならないのか？　それをもっともよく教えてくれるものはノアの方舟の話のような気がします。

ノアの方舟の神話によれば、その時代の人々は今のわれわれと同じように、多くの問題に直面しながらも、わが世の春を謳歌するかのように面白おかしい日々を生きていました。そんなある日、ノアは、やがてそうした誤った生き方をしている人々の住む世界を丸ごと呑み込んでしまうほどの大洪水がやってくるという神の声を聞きます。だから、その大災害が起こる前に、その災害を乗り越えて生き延びていくための巨大な船を造るようにと声は告げました。

そしてノアは、その声を信じて、一族とともに巨大な船の建造に取りかかります。人々は、川も海もない大地の上に巨大な船を造り始めたノアたちを見て嘲笑います。ノアは善良であったため、そうした人々に怒ることもなく、親切に、やがてすべての大地を呑み込んでしまうほどの大災害が迫っているという神の声を伝え、彼らにも急いで船の建造に取りかかるよう忠告します。しかし人々はそうしたノアをただ嘲笑うだけで誰一人その忠告に従いませんでした。

そして、ノアが聞いた予言どおりに大洪水は起こり、彼を嘲笑っていたすべての人々はその洪水に呑み込まれていき、後に生き残ったのは、彼らの一族と、彼らに救い出された動植物だけでした。


われわれは今、ノアが聞いたとされる神の声とほとんど同じようなものを、科学の声として、母なる自然から発せられてくる警告として聞いています。

「人類が、このまま誤った生き方を続けるならば、地球温暖化などによって引き起こされる巨大な自然災害や、原発などによって引き起こされる人災によって、遠からず滅び去る以外に道がないのだ」と。

しかし裏を返せば、今ならまだそうならないための道が残されているかもしれないということでもあります。

それが完全な脱原発へ向かうための今この瞬間からの取り組みであり、それと平行した石油や天然ガスといった化石燃料の消費削減への取り組みです。

生き残ったノアと、滅んでいった人々を分けたものは、未来に迫りつつある災害を警告してくる、目に見えないものの声を信じて行動したかどうかでした。

今、われわれに問われているのもまったく同じことなのです。

われわれはすでに、何年も前から、この声を全人類レベルで繰り返し聞いてきています。その警告が、誰にとっても絵空事として無視することのできない、科学的データに裏付けされたものであることも十分に知っています。

しかし今回の事故が起こる以前、世界中のどこを見渡しても、本気でその対策に向けた取り組みを始めている国は存在しませんでした。なぜなら、それはどの国にとっても途轍もなく大変で困難を伴うことだからです。

それは、ノアにとっても同じことでした。

ノアは、その声を信じたがために、迫りくる大災害から逃れるための巨大な船の建造に取りかからなければなりませんでした。しかしそれは生半可な決意でできることではありません。

なぜならそれは、本当に起こるかどうかわからない未来の災害のために、他の人々の嘲りを受けながら、他の人々が楽しんでいる娯楽も華やかな宴も捨て去った禁欲的な生活と、勤勉さのなかで、ただひたすらその備えに取り組み続けるということだからです。

ノアにそれをさせたのは信仰の力でした。

しかし、われわれの場合は違います。今われわれに求められているのは、ただ単に、この僅か三〇年あまりの間にスリーマイル島、チェルノブイリ、そして福島と、場所を移しながら立て続けに起こった原発事故や、世界各地で地球温暖化に比例するように猛威を振るい続けている異常気象といったものを、ありのままに見つめる洞察力だけです。そうした現実をただ、あるがままに直視する洞察力さえあれば、今何をすべきかはおのずとわかることです。

ちなみに私は、これらに加えてもう一つ、近年世界各地で大規模化しながら頻発しているように見える、地震や火山の噴火といったものも単なる自然災害ではなく、地球温暖化が引き起こしている異常気象と同じような、もう一つの〈人災〉として起こっている可能性を視野に入れておく必要があると思っています。

いまだかつて「近年世界各地で異常に頻発している地震や火山の噴火が、何らかの人災として引き起こされている可能性がある」という説を私自身は聞いたことはありませんが、秘かにそんな気がしています。その根拠は、以下のようなものです。

われわれが街に出れば、そこに無数と言えるほどの多くの車が走っています。日本だけで一体どれほどの数の車が存在しているのか見当もつかないくらいです。そしてこれが世界中となるとどれほどの数になるのか、みなさんは想像したことがあるでしょうか。もし、世界中の車を使って、たとえば三〇年の間、毎日毎日、休みなく海の水を汲みだしていったとしたら、今、海の水はどれほど残っているのだろう？　と想像したことはあるでしょうか。もちろん、雨が一滴も降らず、川から一滴の水も流れ込まなかったと仮定しての話です。

地下水であれば、いくら汲み出しても雨となって降りそそぐため地球そのものから水が消え去ることはあり得ません。しかし、石油はいったん消費したならば消え去るだけで補充されることはあり得ません。つまり、「われわれはこの何十年かの間に地下に埋蔵されていた途方もない量の石油を消し去ってしまっている」ということなのです。そのことは、必ず何らかの形で、地殻のバランスや変動に影響を与えているはずです。なぜなら自然は、地殻から石油という重しが取り去られたことによって生まれたバランスの歪みを解消するために、目に見えないところでそれを修復するための営みを必ずしているはずだからです。

そしてその時、われわれが自らの理知によって真に気づくべきことがあるとすれば、「地核の変動によって引き起こされる地震や火山の噴火という自然現象が、そのことにまったく影響を受けないということがあり得るだろうか?」ということなのです。

もし、近年世界各地で頻発している地震や火山の噴火がこのことに影響を受けた人災的な一面を持つものであるならば、そのことはわれわれにさらなる憂いを与えるのです。もしそうであれば、地球温暖化によって引き起こされている豪雨が過去にそうした災害のまったくなかった地域に洪水を起こすような、過去のデータからはまったく予想のできない事態が起こっているように、これから起こる地震や火山の噴火も、過去のデータから「安全である」と予想している地域にも起こり得るものだということだからです。

つまり、原発の立地条件の一つである、地震のない地域という予測や、過去のデータをもとにして上限を割り出している予想震度といったものが、今後は完全に意味をなさなくなる可能性があるということなのです。もし本当の意味でこの可能性を視野に入れたならば、ほんの一瞬といえども原発に依存して運営される社会などあり得ない話になってくるはずです。

ノアは迫りくる大災害から逃れるために巨大な船の建造に取りかからなければなりませんでした。しかし、われわれに求められているのはそうした船を造ることではなく、その代わりに、今すぐ脱原発を手始めとする大幅なエネルギー消費削減を実現するための行動に取りかからなければならないということです。

もし、日本が、率先してそのことに本気で取り組み始めたとするなら、覚悟しなければならないことが一つあります。

それは、それを快く思わない国々、原発技術や原発プラントの輸出によって自国を新たな世界の覇者としようと目論んでいたアメリカやロシアやフランスといった国々のしかけてくる、硬軟両面での様々な外圧であり、原発が生み出すエネルギーのなかで経済的な恩恵を得ていく国々を尻目に、われわれは一時的に経済大国としての競争力を失い、景気が落ち込むことをもある程度覚悟しなければならないということです。

しかし、このままいけば人類そのものが明日にでも滅びることが避けられないとわかっている以上、今日や明日の経済発展など何の意味もないのだということを肝に銘じて、そのことに取り組まなければなりません。

なぜならわれわれは、それ以外に道がないことを、今回の出来事を通じて世界の誰よりも思い知っているからです。

そしてなにより、われわれはそのことによって永遠に沈み込んでいくようなことはなく、ある瞬間を境にして、必ず闇の中から昇りくる朝日のように復興していけるのだということも知っておかなければなりません。

脱原発や脱化石燃料によるエネルギー消費削減のなかで経済大国として一時的に沈み込んでいくということは、そうした日々のなかで、より高性能な太陽光発電や地熱発電、バイオマスといった次世代のエネルギーや、電気自動車、燃料電池自動車といった次世代のテクノロジーの開発に国民の総力を結集して挑み始めるということと同意語でもあるからです。

つまり、一時的な経済の落ち込みは、世界の表舞台からの脱落や失墜を意味するのではなく、その後の未来に、他のどの国よりも輝かしく飛翔するため、いったん深くしゃがみ込むことを意味しているだけなのです。

それに対して、今、原発というエネルギーに頼って高く飛翔していこうとしている国は、高く飛翔すればするほどに、近い将来の原発事故によってより壊滅的に地面に叩き落とされてしまいます。

日本にはすでに、太陽電池や地熱発電、風力発電やエネルギーの地産地消である水車などを使った小規模水力発電など、原発に変わる次世代の再生可能エネルギーが存在しています。ただ、コストの問題や、その必要性に対する無理解などがネックとなって、普及もしなければ注目もされず、その開発に弾みがついていないだけなのです。

こうした代替エネルギーの開発が今後どれだけ加速をつけて進んでいくかは、政財官民が一致団結してどこまで本気でバックアップできるかにかかっています。

すべての危険性を〈安全神話〉という幻想で塗り固めながら、心ある人々の反対を押し切って、世界を滅ぼす時限爆弾のような原発産業がここまで巨大に発展したのは、欲に目のくらんだ政財官が徒党を組んで巨万の富を生む禁断の果実であるそれをバックアップしたからにすぎません。

そして自動的に、代替エネルギーの開発に注がれるべき人材も援助も、資金も注目も原発へと流れていったことを意味しています。つまり、それが代替エネルギーの開発を阻止してきたのです。

そういった意味では、今回の原発事故もそのことによる電力不足も、一〇〇%完全な人災とさえ言えるものなのです。

そうである以上、その流れを変えることのできるものは、国を動かす政財官の人々ではなく、われわれ民衆の意識の変化だけなのです。われわれの一人一人が原発の生み出した電気ではなく、太陽電池や地熱発電やバイオマス、小規模水力発電の生み出した電気を求め始めれば、政界も財界も否応なく、有権者や消費者である民衆の声を汲み取ってそれに対応せざるを得なくなります。

一人一人の意識の変化など、小さすぎて国や世界の動きに影響を与えることなどできないと思っている方は、前回の衆議院選挙を思い出してください。その気になれば、総理であれ誰であれ、政治の舞台から永遠に葬り去ることすら可能なのです。

問題は、われわれは自らの声を、デモや抗議行動によってではなく、投票行為や消費行動や生活スタイルを変えていくことによって、政界と財界に届けなければならないということだけです。

自動車であれ、家電製品であれ、どこの社の製品を買ったとしても大差ありません。ならば、原発を経営の柱と位置づけて他国に建設していたり、その存在を支持するような発言をした会社の製品は今後一切買わないようにすればいいだけのことです。どの政党の政治家であれ、似たようなものです。ならば、脱原発に消極的な考えを持つ政治家や政党には決して票を投じなければいいだけの話です。

自分一人がそのように変化すれば、他の誰かを巻き込まなくても、必ず世界の流れは変わります。なぜなら、世界の流れというものは、われわれの理解を遥かに超えて、われわれ一人一人の意識と直接的に繋がっていて、その根源的なレベルでの変化に極めて敏感に反応するものだからです。

変わるべきは、われわれ一人一人であって、われわれを取り巻く世界ではありません。一人一人が変わった結果として変化していくのが世界であって、その逆はあり得ないのです。われわれが根源的な部分から何かに目覚めて考え方を変えていけば、世界を育んでいる目に見えない不可知の力は、その思いを不思議なほどに汲み取って世界を変えていきます。ただ、われわれの考え方が表面的にしか変化していない時には何一つ変わらないだけです。

われわれは今、わが国が明治維新の時に経験したことに匹敵するような、根源的なレベルからの人生観、自然観といったものに対する考え方の変化を求められています。しかしそれは、未知なる新たな何かを探し求めることではなく、明治維新以降に失ってきた日本人としての思想の真に崇高な原点に帰って、人として今とは比類のないかつての魂の輝きを取り戻していくことを意味しています。

そして、そのための第一歩として踏み出すべきは、脱原発への歩みなのです。

脱原発を目指し、代替エネルギーの開発に国を挙げて取り組んだとしても、そうした努力が短期間に実を結ぶことはないというのが世界の常識です。したがって、脱原発を目指すにしても、今しばらくは原発に頼らざるを得ないのだと考えられています。

しかし、われわれ日本人は、かつての戦争で、国の未来を担うべき若者の大半を失い、国土を無差別な空爆で焼き尽くされたにもかかわらず、その廃墟のなかから、僅か数十年の後には世界を圧倒する経済大国へと復興してみせた民族なのです。そのことを考えるなら、決してそれを不可能なことだと決めつけて、やる前から諦めるべきことではないはずです。


焼けつくような真夏の太陽の日差しを、たとえ一〇〇年当て続けたとしても、その日差しで火を起こすことはできません。しかし、その光を虫眼鏡で一点に集中させたならば一瞬にして火を起こすことができます。

それと同じように、代替エネルギーの開発においても、原発や石油や天然ガスといった化石燃料を併用しながら行うのと、国民がその一点に意識を集中し、一致団結して挑むのとでは、同じ結果になるわけがないのです。

そしてもし成功するようなことがあったとすれば、再び、経済大国として復興していけるだけではなく、このままでは滅びゆく運命にあった世界そのものを救うことさえできるのです。


もちろん今さら日本だけがどんなに頑張ったとしても、人類が抱え込んでしまっている存亡の危機は、どうにもならないのかもしれません。しかしそれでもなお、そこにしか人類として生き残る道が残されていない以上、そうする以外にないのではないでしょうか。

第五章
失われた東洋の叡智

われわれは、科学の生み出した危機から逃れるためには科学を捨てなければならないのでしょうか?

もちろんそうではありません。

そうではなく、われわれは、「科学さえ発達すれば後は何とでもなる」というような考え方を捨てなければならないだけです。

実際問題として、この先科学がどれだけ高度に発達していったとしても、われわれに突きつけられている問題はどうにもなりません。

それはすでに繰り返し述べてきたとおりです。

そして、この先われわれが今ある科学を捨てるとしても、今われわれに突きつけられている本質的な問題は何一つ解決しません。なぜなら、科学の発達によって生み落とされた問題を、科学を捨て去ることによって生み落とされる別の問題へとすり替えるだけでしかないからです。

ではどうすればいいのでしょう?

そのヒントは、「われわれはなぜ、科学をこれほどまでに発達させてきたのか?」という問いかけに対する答えの中にあります。

われわれが、科学をこれほどまでに発達させてきたのはなぜなのでしょう?

答えは簡単です。

それは、「科学が発達すればするほどに、その恩恵のなかで人類は幸せになれる」と考えたからです。

しかし、そうでなかったことに、われわれはやっと気づかされ始めています。


確かに人類は、科学の発達によって幸せになった部分もあります。しかしそれは、科学の発達の弊害や副作用によって失ったもの以上の幸せでは決してありませんでした。

科学技術の発達によって街は歓楽街のネオンできらびやかに光り輝いてきたかもしれませんが、その下で暮らす人々の生活からは、希望として差し込むべきすべての光が薄れ続けています。

家庭がパソコンやゲーム、携帯電話といったハイテク機器であふれていけばいくほどに、家族のなかで育まれる愛や絆を息絶えさせる未知のウイルスでも広まっているかのようにして、すべての家庭が救いのない殺伐としたものになり続けています。

人々が、目の前に広がる自然から、遠い彼方の宇宙へと興味の目を向けていけばいくほどに、目の前の自然は荒廃し、天変地異によって人々を突き放し始めています。

社会にも家庭にも科学の恩恵は満ち溢れていますが、そうした世界で育てられる子供たちの顔からは子供らしい笑顔は失われています。

笑顔を失ったのは子供たちだけではありません。大人たちも同じです。街行く誰もが、憔悴や、疲れや、虚無感のなかで、笑顔も威厳も安らぎも失っています。

平均寿命は延びていますが、その老後は、生きながらに医療のいきとどいた墓場で暮らすようなものになっています。

出生率は落ち、自殺者だけが増え続けています。

そして、こうしたことのすべては、科学の発達とともに起こってきたことなのです。

こうした問題のすべてに対して、人類は科学を発達させることで解決しようとしてきました。しかしそれは、現実を直視する限り、事態を悪化させているだけです。

だとすれば、さすがにわれわれは気づくべき時に来ているのではないでしょうか。

「科学が発達すればするほどに、人類は幸せになれる」という考えが、完全に間違っていた、ということに――。

そのことを誰よりもよく知っていたのがインドの賢者たちです。だからこそインドの賢者たちは、世界にどれほどきらびやかな科学文明が花開いていたとしても、そういう時代の流れに逆行するようにして、自国を他の世界とは一線を画した崇高な霊的文化の中にとどめ置こうとしたのです。

しかしそれは、インドの民を、ただ単に非科学的な無知と迷信のなかで没落させていっただけで、成功しませんでした。だからといって、その試みは完全に失敗に終わったわけでもありません。インドは今、人類を新たな文明へと導くための胎動をわれわれの目に見えないところでダイナミックに試みつつあります。

今世界中が目にしている、インドのめざましい経済発展はその副産物のようなものであり、インドに起こっている真の変革は、そうした物理的な出来事の水面下において、誰にも見えず、誰にも想像できないような形で進み続けています。

誤解を恐れずに言うなら、それは、かつてインドが自らの過ちのなかで没落し、イギリスの植民地として西洋に隷属していくなかで失い続けてきた、ヴェーダやヴェーダーンタに代表される霊的遺産に開示されてきた《真理》というものの壮大な復興です。

かつてフランスの歴史家ヴィクトル・クーザンが、「われわれが東洋の、……特にインドの哲学的業績に目を通す時、そこにあまりにも深遠な真理を見いだして、思わずその前に跪《ひざまず》かずのはいられなくなる」と述べたように、この真理の探求に関する限り、幾千年の歳月のなかでインドの賢者たちが身の安楽も寝食も省みない一意専心のなかでやってきたことは、他のすべての世界を圧倒していて比類のないものです。

それはインド哲学の深遠に接したことのあるものであれば、誰もが認めるはずです。

ではなぜ、インドの賢者たちが、この真理というものにそれほどまでにこだわったかというと、それは、この真理が、この世の、森羅万象の真実を照らしだす光だからです。

この真理の光を失った時、人は迷妄に陥ります。

人が陥る迷妄とは、一言でわかりやすく言えば、「間違っているものを正しいものであると思い込ませ、正しいことを間違っていると思い込ませる勘違い」のことです。

真理を見失った世界では、たとえその世界にどれほど優れた科学者が現れ、どれほど偉大な政治家が現れ、どれほど偉大な企業家が現れ、人々のすべてが私心のない善意と使命感を持って手を取り合い、人々が幸せに生きていけるようなより良い世界を作るために寝食を忘れた日々と身を削る努力のなかで働き続けたとしても、結局うまくいきません。

なぜならそれは、道を知らない人たちが、それぞれの勘違いのなかで果敢に道案内を買って出るようなものだからです。

道案内は、道を知る人だけができることであって、それ以外の人にできることではありません。

偉大な科学者は目の前の道をもっと楽にもっと安全にもっと早く進むための車を発明し、偉大な企業家はそれを生産して人々に行き渡らせ、偉大な政治家はリーダーシップによってそうした人々を秩序ある一つの社会にまとめていくことはできます。しかし、だからといって、民衆は、そうした人々に道案内を頼むような愚かな過ちはするべきではないのです。

なぜなら、彼らにどれだけ優れた学識や知識や才能や政治手腕や政治哲学や社会思想があったとしても、道案内は道を知らない彼らにできる仕事ではなく、（たとえその人がどれほど無学であったとしても）道を知る人だけができる仕事だからです。

ここで言う〈道〉とは、真理のことであり、〈道を知る人〉とは、それを悟った聖者や賢者たちのことです。

だからこそ、インドの偉大な王たちはいつの時代も賢者たちを求め、賢者たちはわが身の安楽を投げ捨てた苦行のなかで真理を探求し、その叡知の光によって彼らを導いたのです。

『聖なるかがり火』でも紹介したとおり、インドとは不思議な国です。その不思議さは、世界中のどの国の不思議さとも一線を画していて、まるで似ていません。

東洋の智のルーツはすべてインドにある、と言われるほどの叡知に輝く賢者たちを悠久の歴史の中に連綿と生み出し続け、その歴史の大半において世界に冠たる大国であり、他国と戦うだけの兵力と富を十分に持っていたにもかかわらず、一度として他国の富や領土を奪うために兵を率いて国境を越えたことのない、おそらく世界で唯一の国です。

インドの歴史は、常に他国や、異教徒から侵略され続けた歴史です。

しかし、インドは侵略されたことはあっても、一度も他国を侵略しようとしたことはありません。

歴史学者は、インドが他国に攻め入ったことがあるというかもしれませんが、そうした時にわれわれが忘れるべきでないことは、インドは、八世紀頃から始まったアフガニスタン人、トルコ人、ペルシャ人による侵攻のなかで、北インド全体がコーランと剣を振りかざすイスラーム教徒たちによる七〇〇年にも亘る支配と迫害の中に置かれたり、一六世紀には、同じイスラーム教徒であるトルコのバベルが打ち立てた王朝にインド全体が支配されたりしたために、敵に抗う勢いにまかせて他国に攻め入ったことや、支配者として長年インドに君臨した人々が、インド人として他国へ攻め入ったことはあったとしても、インドの正当な君主や王と認められるような人たちが、侵略を目的として、軍隊を率いて国境を越え、他国へ攻め入ったことなど一度もないのです。

そうしたことを決してすべきでないことは、インドの王や家臣たちのすべてが師事する偉大な賢者たちによって、「それは人としてのダルマ（正義）に反することであり、いかなる事情があったとしても、決してすべきことではない」と常に教え諭されてきました。

古の世界のおよそすべての王たちが、自らを神そのものか、神を凌ぐような権威に祭り上げることで民を畏怖させ支配したのに対して、インドの王たちだけはまったく違っていました。

インドの偉大な王たちは、偉大であればあるほど、国民に向かって自分が偉大な人間であるなどとは絶対に言いませんでした。

インドの偉大な王たちは、「この世で真に偉大で、真に尊敬されるに値するのは自分たち王族ではなく、真理を悟った賢者たちである」と民衆に常に語りきかせました。実際に、人里離れた森の奥深くに、僅かなボロ布か木皮を身に纏ったもっとも貧しい乞食のような身なりの、木の実や草の根で命をつなぎながら生きる偉大なリシ（聖賢）やヨーギ（ヨーガ行者）の下を訪ねたり、王宮に招いたりして、その足下に跪いて教えを請いながら政治を司ってきたのです。

そして、王たちにリシやヨーギと呼ばれる賢者たちが授けた教えの神髄というものは、「たとえ相手がどのような異教徒であっても、どのようなカーストの民であったとしても、敵であったとしても、そうしたすべての人々が、たった一つの自然を母として、たった一つの絶対普遍の神を父として生まれた兄弟姉妹であることを常に肝に銘じ、傷つけずにすむ限り決して傷つけず、助けることができる限り常に助けることを心がけて施政せよ」ということであり、

「君主として生を受けた以上、君主としての智慧と力と勇気を持て。しかしそのすべては、自らの栄耀栄華や保身のためであってはならない。そのすべては自らの身を守るためではなく、自らが守るべき正義を守るための武器でなくてはならない」ということであり、

「君主として国民の上に立とうとする者は、それ以前に、召使としてもっとも献身的に国民に奉仕することのできる者でなくてはならない」ということだったのです。

そうした賢者たちは、それをただ単に言葉による机上の学問として教えただけではなく、王家の子供たちをある一定期間、身一つで自らの草葺きの粗末な庵に預かり、王子としての身分を隠したまま、彼らが将来君主として治めるべき国の家を他の弟子たちと同じように行乞して歩かせ、人々が差し出す施しによって命をつながせることによって、君主として国を治めるということがどのようなことであるかを実践教育として学ばせていたりもしたのです。

そうした古の世界の証言者として現代に生き残ってきた王家の末裔たちは、口をそろえてこうわれわれに告げます。

「そうした賢者たちの偉大な魂の導きによって、かつてインドは文明の頂点に立ったのだ」と。

そして、「われわれの世界から、こうした賢者たちが姿を消し始めた時から、一切の没落は始まったのだ」と。

そのインドにおいて今、古《いにしえ》から受け継がれてきた賢者たちの教えが、力強く復興しつつあります。

そしてそのインドが、次にその復興を期待しているのが日本なのです。なぜなら、日本は太古から極めて優れた霊性を発揮してきた国であり、この《真理》という超越的な観念をもっとも深遠に理解しうる賢者たちを生み落としてきた国でもあるからです。

インドは今、かつての日本と同じような経済大国や科学技術立国としての驚異的な発展の真っ只中にあります。そのことが意味しているのは、今のインドが、かつての日本が経験してきたものとほとんど同じようなあらゆる問題に直面しているということでもあります。それを物語るかのように、今回の原発事故を目の当たりにした後ですら、「もう後戻りはできない。経済発展に原発の生み出すエネルギーは不可欠である」として、原発の推進をもっとも強く押し進めようとしている国の一つが、このインドなのです。

一二億の人口を持つインドでは、そのうちの五億の人がいまだ電気のない生活を送っていると言われています。しかし、そうした人々が原発を求めているわけではありません。事実はまったくその逆で、彼らは「今のままのランプの生活で十分だ。余分な電気などいらない」と怒りをあらわにしながら、原発反対の声を上げています。原発が生み出す電気を欲しがっているのは、そうした人々ではなく、そうした人々の村に原発を押しつけて、自分たちの生活に安定した電気の供給をと望んでいる大都市圏の人々であり、経済発展を目論んでいる政財界の人々だけなのです。

福島の原発事故をきっかけとして、インドの原発建設予定地では住民による原発反対運動は激化しています。しかしインド政府は、原発の安全性を強調するだけで、住民の叫びがいくら高まっても、急増する電力事情を原発でまかなうという国策を見直す気はないとして、原発の増設を押し進めようとしています。

今そこで繰り広げられている光景は、まさにわが国にとっての、〈いつか来た道〉です。そして今わが国が経験している原発事故というものもまた、おそらくいつかインドが辿り着くはずの道です。

そこには当然、他にも、あらゆるタイプの〈科学の発達〉＝〈科学の発達が生み落とすが重大な問題の発生〉も含まれています。

賢者たちは施政者や民衆に向かってそのことを警告しますが、世の常として、科学技術がもたらす自然破壊や環境汚染と引き換えの安易な豊かさや、便利で面白おかしい家電製品の数々に囲まれた生活に目を奪われて狂乱する人々は聞く耳を持とうとはしません。

インドの賢者たちが今の日本に期待しているのは、経済大国としても科学技術立国としても、一度は世界の頂点に立ったことのある日本が、その弊害をもっともよく知る者として、過去の日々のなかで失っていったものを取り戻しながら、新たな世紀のグローバルリーダーとなっていくことなのです。

第六章

幸福はどこにあるのか

私が子供だったころ、日本は今より遥かに少ない消費電力で暮らしていました。

それは、今の半分やそのまた半分といったレベルではなく、もっと遥かに少ない消費電力を意味しています。そして、当時の人々は、今の人々より貧しくはあったとしても、決して不幸ではありませんでした。

少なくとも私は不幸でなかったし、自分の周りにも、今見ている世界の全体像より不幸な世界の光景を見た記憶はありません。


私が子供時代を暮らしていた村の中には、携帯電話はおろか電話そのものが存在していませんでした。家の中には蛍光灯もなく、もっと薄暗い電球があるだけでした。子供たちの遊び道具で、電力を必要とするようなものは何一つ存在していませんでした。私たちはそのすべてを自然の中から手に入れていました。われわれが遊ぶ時に必要としたものは、竹や木や葛を切ったり削ったりするための小刀であり、移動するための自転車だけでした。

そうした生活のなかで、われわれは自分を都会の子供たちより不幸だと感じたこともなければ、今の子供たちと比べて不幸だったなどと感じたことなど一度もありません。逆に、「幸せだった」と感じます。少なくとも、今もし誰かに、今の時代と、その頃のどちらに生まれたいかと尋ねられたなら、私は躊躇なく後者を選びます。

なぜならそこには、今の世界が失ってしまった、子供たちを遊び楽しませるもののすべてが自然として、社会としてあったからです。

今の世界のように、大型テーマパークとして人工的に作り出された冒険や、スリルや、幻想へと誘う遊び場はなかった代わりに、本物の冒険があり、子供たちを本物の幻想に招き入れる驚きと興奮に満ちた世界があり、本物のスリルと危険がありました。

実際、大人たちの監視の目を逃れながら遊び回る世界の中には、目の前の畑のすぐ先にさえ、インディー・ジョーンズのオープニングを思わせるような発掘されたばかりの古墳があり、洞窟があり、怪しげなため池が、河童が住むという伝説と共に待っていました。初めて分け入る山の中には、初めて目にする椎や樫の巨木があり、その先には初めて目にするような巨大なシダの群生している一角がありました。その巨大なシダの葉を頭上に掲げて崖から飛び下りれば、ほんの少しなら空を飛べるかもしれないと思い、崖から飛び下りて遊んだりもしました。誰が一番高い崖から飛び下りることができるか、勇気を競うのです。そして、もっとも強い風をシダの葉に受けて崖から飛び下りた瞬間、私はほんの一瞬、空を飛べたような気がしました。そして、もっと巨大なシダの葉を探し出して、もっと長く、もっと自由に空を飛べたらどんなに楽しいだろうと夢見ていました。

それから二十数年の時が過ぎた頃、科学の発達は、巨大なシダの葉にぶら下がって空を飛ぶのとほとんど同じような原理で空を飛ぶことのできるハンググライダーによって、その願いを叶えてくれました。両翼十数メートル、重さ二〇キロ弱の翼を肩に担いで、前後左右のどちらにも傾かないように翼のバランスを保ちながら、五〇〇メートルほどの山の中腹に設けられた滑り台のような斜面を駆け降りると、ある瞬間に肩にのしかかっていた翼が航空力学的に揚力を持ってふわりと宙に浮き、そのまま体をハーネスで機体にぶら下げたまま、前方へと滑空していくのです。後は、体重移動だけで機体を操りながら、山の斜面を伝って吹き上がってくる斜面上昇気流や、雲を見てその存在を探し出すことができる熱上昇気流等をうまく捕まえて上昇し、空に何時間でも留まることができます。着陸する時は、動力は何もないので、バランスを保ったままゆっくりと旋回しながら着陸地点めがけて高度を落としていき、地面に激突する瞬間、コントロールバーを利用して両腕で機首を押し上げてその時の空気抵抗をブレーキとして着陸するのです。

それは、物理的に言えば、子供の頃の夢がほぼ完全な形で叶ったことを意味しています。しかし実際は違っていました。そうした道具を使って実際に空を飛んだ感激は、子供の頃に、シダの葉を手にしてそのまま空を飛べることを夢見て崖から飛び下りた時に感じた、あの一瞬の飛翔感に遠く及ばなかったのです。なぜなら、空を飛ぶことであれ何であれ、われわれが体験している感動や喜びや幸福感というものは、物理的な物事によって得られるものではなく、自分自身の感性や心によってもたらされているからです。

私の夢でいえば、子供時代に抱いていた空を飛ぶことへの憧れは、日常という現実とは一線を画した未知の世界への憧れであったのに対して、大人になって、ハンググライダーという道具によって飛ぶことのできた空は、単なる現実の延長上にある空間にしかすぎず、そこに子供の頃に夢見ていた感動や幸福感は存在しなかったのです。大人になってから体験した、ハンググライダーという道具で空を飛ぶことによって得られた喜びは、子供の頃の、シダの葉を頭上に掲げて崖から飛び下りた時の、胸躍る飛翔感に及ばなかったし、野生の栗や、山桃やアケビを取るために木に登り、木から木へ飛び移って遊んだ時の解放感や楽しみにも及ばなかったのです。

これと同じことが、科学の発達によって体験しているもののすべてに対して言えるのです。われわれは、過去に、「こんなものが存在したら、どんなに便利で、楽しく、幸せだろう」と夢見てきたものの多くを、実際に科学の発達によって手に入れてきました。しかし、そうした夢のような製品を手にした時の感動は一瞬であり、次の瞬間には、さらに便利で面白おかしい新製品を夢見る心によって色あせてしまい、ありふれた、ごく普通の製品の一つに姿を変えてしまうのです。

われわれが真に気づくべきことは、「人の感じる幸福や満足や安らぎや喜びといったもののすべては、ものの豊かさよりも、心の豊かさのほうにより大きく依存している」ということなのです。そのことにそろそろ本当に気づくべきところに来ています。

そのことに気づきさえすれば、われわれがどこへ舵を切っていけばいいのかは、おのずと見えてきます。

子供時代のわれわれは、骨折もすれば、病院に担ぎ込まれるような怪我もしたし、あの時ほんの少しでも足か手を滑らせていれば確実に死んでいたなというようなもっと危険な遊びもしていました。もちろん、大人たちに見つかれば怒られましたが、それでも「子供だからしかたがない」と、どこかで多めに見てもらえる、おおらかさのようなものが人にも社会にも残っていて、子供たちにとっては今より遥かに生きやすい時代だったような気がします。

そんなわれわれの村にも、近代化という時代の波は否応なく押し寄せてきました。まず初めにやってきたのはテレビでした。小学生の頃わが家に初めてテレビが届いた時は、物珍しさから近所の人が集まり、夕食後のひと時、わが家の茶の間で映画を観賞するように一〇人以上の人がそのテレビを共に見ていました。

バスが初めて近くの道を通るようになったのもちょうどその頃だったように記憶しています。それは、われわれにとって一大イベントでした。バスなどというものをそう間近で見たとのなかったわれわれは、狭い道を暴走してくる牛や馬の怖さは身に沁みて知っていても、車が危険なものであることについてはほとんど実感していませんでした。そのため、子供たちは、大人にも運転手にも見つからないようにバス停のそばに隠れていて、動きだしたバスのバンパーに飛び乗って遊んだりしていました。

それは、わが村の飼い犬たちにとっても同じでした。犬たちは初めて見るバスに驚き、果敢に飛びかかっていき、轢かれていました。わが家でも、日に何度かしか通りすぎないバスに二匹の犬が次々と轢かれて死んでいきました。

そうした時、必ず後日、そのバスの運転手と車掌の女性が謝りに来られ、その犬に子供がいた場合には、その子犬を引き取ったり、引き取り先を捜してくれたものです。犬を放し飼いにしていた飼い主に文句を言う運転手や車掌もいなければ、犬を轢いた運転手を非難する飼い主もおらず、そのことによる争いは何一つ起きませんでした。犬は、大人たちの手で近くの空き地に埋められ、子供たちが草花をその上に備えて、その犬とわれわれのドラマが終わっていっただけです。

どれほど愛していたペットであったとしても、その死を必要以上に悲しむようなことはありませんでした。なぜなら、当時のわれわれが遊んでいた自然の中にも社会の中にも、生まれてきたものは何であれ必ず死ぬのだ、ということを、自然そのものが教えてくれる機会に満ち溢れていたからです。

村の家々に、少しずつ、扇風機や、テレビや、掃除機や、洗濯機といった電化製品が行き渡り、道がアスファルトで舗装され、その道を車が普通に行き交うようになるにしたがって、そうしたもののすべてがわれわれの目に映る世界から消えていきました。

そうしてできあがったのが、今の世界です。


今の世界には、よくなった部分もたくさんあります。

科学の発達は、生活を信じられないくらいに豊かで便利にしてきました。それまでの家庭や社会に待っていた過酷な肉体労働からわれわれを開放することにも貢献してくれました。

しかし、だからといって、幸せにはしてくれなかったのです。

それでも、物質的な豊かさや便利さは目に見え、人が感じる幸福は目に見えないものであるため、未だにわれわれの多くはこの真実に気づくことができないでいます。

しかし、このことを人が信じようが信じまいが、これは事実なのです。

こうしたことにもっとも早くから気づき、われわれに向かって警告を発してきたのはインドの賢者たちです。


産業革命以降の目を見はる科学技術の発達によって世界の覇者となった西洋は、帝国主義の下、植民地として次々と東洋を支配していきました。そうした西洋の最大のターゲットとなって、何億という民が骨身をけずるようにして生み出す富のすべてと、幾千年の歴史のなかで積み上げてきた富のすべてを容赦なく奪いさられ、踏みつけられていたのがインドです。

かつてそのインドが、世界に冠たる大国として、理想国家として、どれほど輝かしく繁栄していたかを知るイギリスは、「インドは、わが大英帝国の王冠にちりばめられた宝石の中のもっとも輝かしいものである」として、南インドを部分的に植民地化していたフランスやポルトガルといった国を追い払うようにインド全域を単独の植民地としていきました。

イギリスにとって、インドをこの先も完全な植民地として支配していく上での最後の関門は、インドの人々の生活スタイルや自然観や生命哲学といったものを根源的なレベルから支配し続ける〈宗教〉でした。

西洋人たちが長い年月をかけて思い知らされたのは、インドを真に屈伏させて、今以上に従順な植民地として飼い馴らしていくためには、ヒンドゥーイズムという宗教から何としてでも引き離すことが不可欠であるというものでした。

彼らは、武力による弾圧によって、政治による駆け引きによって、教育や経済の改革によって、そして科学論争の場に彼らの宗教的指導者を引きずりこみ論破することによって、それをなし遂げようとしました。

しかし、インドは常に、自らの中に生み落としておいた賢者たちを彼らの前に立ちはだからせることによって、そうした場のすべてを乗り切ってきました。つまり、科学論争の場で論破されたのは常に、西洋人たちだったのです。なぜなら、こと哲学的な論争になった時、インド人の右に出る民族など存在しないからです。インドの賢者たちは、西洋の科学者たちが科学論争として仕掛けたものであったとしても、いとも簡単に自らの土俵である形而上学的な論争に持ち込むことで西洋人を完膚なきまでに論破しました。

そうした経験の中から、インドの人々に対しては宗教に呪縛されている彼らの愚かさを正面から批判するのではなく、一転して、「何一つあなたがたの生活を豊かにしない宗教などは捨てなさい。そしてわれわれと一緒に科学の道を歩こうではありませんか。そうすればあなたがたも科学の力によって、われわれのように繁栄できるのです」という、物質的側面からの説得を試み始めました。

しかし、他の世界では成功したその誘惑に満ちた呼びかけも、インドにおいてはまったくと言っていいほど功を奏しませんでした。西洋の人々のそうした呼びかけに対して、インドの賢者たちの声は、こうこだましてきたのです。

「あなたがたの科学がわれわれの生活を豊かにするというのなら、それを置いて帰りなさい。われわれはそれを感謝して受け取り豊かになりましょう。

しかし、だからと言ってそれは、われわれに宗教を捨てろと言う、あなたがたの助言に正当性を与えるものではありません。

なぜなら、科学と宗教というこの二つのものは物質と心のようにまったく異質のものであって、同じ土俵で戦えるものではないからです。

火は、人々の生活の中に熱や様々な物を燃やす力を提供することで暮らしに貢献します。一方、水には火のような力は一切存在しません。しかしだからといって、人々の暮らしの中に、火だけあれば、水などなくてもいいということにはならないのです。それと同じように、人々の生活の中に科学があれば、宗教など必要ないということにもならないのです。

確かに科学は人類に物質的豊かさをもたらすことができ、宗教にはそれができないかもしれません。しかしだからといって、それは宗教の欠点でもなければ、科学が宗教に勝っているということを意味しているわけでもありません。ただ単にそれは、その二つのものが完全に異質のものだということを意味しているだけであって、それ以上でもそれ以下でもないのです。

確かに科学はわれわれの生活に豊かさをもたらすことができます。しかし、その科学が人々に提供できる豊かさは物質的なものに限られています。いくら物質的に豊かになったとしても、物質に幸福という素材もなければ、幸福という製品もない以上、物質科学の発達は真の意味での幸福を人々に提供することはできません。幸福とは、われわれが心で求め、心で味わうことのできるものであって、物質として手に入れることのできるものではないのです」

「あなたがたは幸福を物質的豊かさの中に探し求めます。しかし、わが同胞は、過去一度としてそれを物質的豊かさのなかに探し求めたことはありません。わが同胞はただひたすら、真理の中に探し求めてきました。そして、多くのリシたちが、ヨーギたちがそれを悟り、その秘密を開示してくれました。その秘密の悠久の歴史のなかでの開示の残像こそが、あなたがたがわれわれの文化の中に見ている宗教的な何ものかなのです。

われわれの同胞の一人一人が真に欲しているものはこれです。

われわれも、あなたがた同様、幸福を追い求めています。しかし、われわれとあなたがたでは、その幸福というものに対する認識のしかたが本質的に違っているのです。あなたがたの考えは、『幸福とは物質的な繁栄の中にある』というものです。しかしわれわれの考え方は『真の幸福とは、真理に照らしだされた人生の中にある』というものです。われわれの文化は、それを手に入れるためには、あなたがたが科学技術によって手に入れたと、さも誇らしげに自慢しているすべての富や身の安楽を、身にまとわりついたぼろ衣を払い捨てるように捨て去ってきた文化です。

したがって、あなたがたがどれほどの物質的な繁栄を約束したとしても、それがわれわれを真理の下に導かないものであるとするならば、あなたがたのその呼びかけは、わが同胞にとっては真の誘惑にはなり得ないのです。

しかし、わが民族は、決して物質的な繁栄を拒否しているわけではありません。あなたがたがそれを与えようというのであれば、われわれは喜んでそれを受け取りましょう。しかし、だからといってその見返りに、宗教を捨て去れと言うのであれば、われわれはその申し出を拒否するしかありません。なぜなら、新たな火を手に入れるために、すでに手にしている水を捨て去るほど、われわれは愚かな民族ではないからです」

「火と水は、共に人々の生活になくてはならないものです。火は寒さに震える人々に暖かさを与えます。闇の中に明かりをもたらします。しかし、その役立つ火も、野放しにすれば、世界のすべてを焼き尽くす災厄に姿を変えます。したがって、そのそばには常にそうならないための、消化用の水を置いておかなければなりません。宗教と科学の関係とは、そのようなものなのです。人類には、そのどちらか一方だけが必要なのではなく、その双方が必要なのです」

　こうしたインドの賢者たちを前にして、次第に西洋の支配者たちは追い詰められていくことになります。そしてついに、服従を迫るために突きつける銃を目の前にしても、何一つ恐れることもひるむこともせずに、完全なる「非暴力、不服従」の精神で武器を持たずに立ちはだかったガンジーというヒンドゥーの教えを体現する偉大なリーダーと、それに続く無数の民衆を前にして自らの敗北を認め、インドに独立を与えた後に、静かに頭を垂れてインドから立ち去っていかざるを得なくなったのです（ちなみに、ヒンドゥーという言葉の意味するものは、「何ものも傷つけない」というものです）。

このガンジーにもっとも影響を与えたのがスワミ・ヴィヴェーカーナンダだったのです。

このスワミ・ヴィヴェーカーナンダという当時まったく無名だったヒンドゥーの僧侶の物語は、私が知るもののなかでも、もっとも美しく感動的な神話の一つです。一九世紀の終わりに単身アメリカに乗り込むことによって、正式な教育を何一つ受けていない、読み書きもできない、この世でもっとも無知で愚かな者であるかのようにインドに隠れ潜んでいる真の賢者（それは、彼を手塩にかけて育ててくれた偉大な師のことですが）が、どれほど驚異的な叡知や美徳を隠し持っているかを、全世界に向かって知らしめることとなったのです。

アメリカのシカゴという街に、スワミ・ヴィヴェーカーナンダという、インドですら無名であった一人のヒンドゥーの若き遍歴僧が下り立ったのは、一八九三年のことです。

彼はその時、愛するインドがどれほど危機的状況にあるのかを、インドの罪なき同胞たちが西洋列強の植民地支配によってどれほどの飢えや貧困に苦しめられているのかを、偉大な師ラーマクリシュナ・パラマハンサが入滅した後に旅立った、三年にも及ぶ乞食《こつじき》の鉢一つを持った全インドの行脚のなかで思い知らされ、その窮状をその年の九月にシカゴで開かれることになっていた宗教会議を通して全世界に訴えようとアメリカへと乗り込んだのです。しかし問題は、彼が何の公的な後ろ楯も持たない一介の遍歴僧という身分でしかなく、インド政府が身分を保障して送り込んだ特使でもなければ、宗教会議に送り込んだ代表でもなかったことでした。

インドというどこにあるのかもよくわからないような植民地から、植民地支配を受けている同胞の救済を訴えるために、インドの仲間がかき集めてくれた僅かばかりの渡航資金だけを懐にアメリカへ乗り込んできた、褐色の肌をした異教徒であるこの若者を最初に待ち受けていたものが何であるかは、一八九〇年代のアメリカにおける人種差別を多少なりとも知っている人であれば、おそらく想像はつくと思います。

勇躍アメリカに乗り込んできたヴィヴェーカーナンダを最初に待ち受けていたものは、徹底的な打撃であり、試練でした。彼は宗教会議の事務局に辿り着く以前の手続き段階で門前払いにされただけではなく、道を尋ねても誰にも相手にされず、すぐにその異国の地で命を終える覚悟をせざるを得ないような苦境に陥りました。

彼の名声を世界に響き渡らせるためのドラマは、そこから始まったのです。

彼は、苦境のなかでも、宗教会議への参加を諦めてはおらず、枯渇していく滞在費を少しでも長持ちさせながらなんとかその打開策を探すために、シカゴより物価の安いボストンへ行こうとしていました。そこへ向かう汽車のなかで、ふとしたきっかけでマサチューセッツ州から来ていた裕福な婦人と言葉を交わすこととなり、その会話のなかで、彼の高貴な人格と叡知に富む会話に感動した彼女の計らいで、宗教会議の代表者を選考する委員会の長であるバロウズ博士を友人に持つ、ハーバード大学のギリシャ語教授J・H・ライトに紹介されるという幸運を得たのです。

婦人の紹介によってヴィヴェーカーナンダとの話し合いの場を設けたライト氏は、彼と会ってすぐ、その驚愕すべき叡知と人柄に魅了され、「ここに、学識あるわが国のプロフェサーたちを一つに集めたより、もっと博識な人が入る！」という手紙を書いて友人のバロウズ博士に送り、彼を宗教会議へと送り出していったのです。

宗教会議の第一回目の集会は、一八九三年九月十一日（月曜）の朝、シカゴ美術館で開かれたと当時の記録は伝えています。その日予定されていたすべてのスピーチが終わり、辺りに夕暮れも迫り始めたころ、最後の講演者として、数分だけの持ち時間を与えられて壇上に呼ばれたのはヴィヴェーカーナンダでした。

そして、彼が、与えられていたその数分間のスピーチを終えた直後のことでした。彼が、自らの中に秘め続けてきたヴェーダーンタの叡知と、全人類への愛に満ちた力強い言葉のスピーチを終えるやいなや、会場にいた幾百人の聴衆が、耳を弄せんばかりの喝采の叫びと共に立ち上がり、惜しみない拍手をもって熱狂したのです。

後に、フランスの作家ロマン・ロランは、その時のヴィヴェーカーナンダのスピーチに思いを馳せてこう書いています。

「彼の言葉は偉大なる音楽だ。ベートーベンの風格を湛えた語句。ヘンデルの合唱曲にも似た感動的なリズム。それは三〇年の歳月を経て、書物のページに散見されるだけなのだけれど、私はそれに触れると全身に、電撃に触れたようなスリルを感じずにはいられない。それが燃えるような言葉としてこの英雄の口から語られた時には、どれほどの衝撃と、どれほどの恍惚を与えたのだろう」

そしてその日以来、アメリカの新聞は彼の評判を書き立て、その評判は日を追うごとに高まっていったと伝えられています。

シカゴのもっとも保守的な新聞でさえ、彼を「予言者である」「見神者である」と紹介し、ニューヨーク・ヘラルドは「彼は間違いなく宗教会議中もっとも偉大な人物である」と伝え、「彼の話を聞くと、これほど学識のある民族に宣教師などを送るとは何と愚かなことだろう、と感じる」と報じました。

彼がその時、そうした西洋の人々に語って聴かせたのは、最新の科学的な学識でもなければ思想や哲学でもなく、それとは真逆のヴェーダやヴェーダーンタとして太古からインドに受け継がれてきた賢者たちの叡知なのです。それが、どれほど西洋の人々に衝撃を与えるものであったのかを如実に物語るエピソードの一つに、イギリス人速記者J・J・グッドウィンのドラマがあります。

彼は最初、ヴィヴェーカーナンダの講演を記録するために、アメリカで生まれたヴィヴェーカーナンダの信奉者たちに高い報酬で雇われただけの速記者でした。しかし彼は、ヴィヴェーカーナンダの講演を記録し始めてから僅か数日後に、その報酬のすべてを辞退してヴィヴェーカーナンダの忠実無比な弟子となったのです。彼はヴィヴェーカーナンダのそばを一時も離れようとせず、四年後には、帰国するヴィヴェーカーナンダに同行する形でインドへ渡り、そのままインドで人生を終えるというドラマさえ演じています。

ハーバード大学やコロンビア大学はいち早く、彼に東洋哲学やサンスクリットの講座を開く教室を提供し、ヨーロッパのもっとも高名な社交界の人々さえも彼の話を聞くことを熱望し、海を隔てたヨーロッパの地へと何度も呼び寄せ、宗教会議に出席するためだけに訪れていた彼を四年の長きに亘って西洋に引き止め続けたのです。

ヴィヴェーカーナンダもまた、インドの貧しさの中に生きていた時は、科学が西洋にもたらしている物質的な豊かさこそが、今のインドにもっとも必要なものではないかと考えていました。

しかし、その西洋のもっとも裕福な世界の客人として、師としてもてなされて過ごした四年に及ぶ生活のなかで、彼が悟った真実は、「それは愚かな幻想だった」というものでした。

彼はそこで、西洋の人々が表面的に繰り広げている、大笑いと贅沢で彩られたお祭りのような生活と、生活の陰で人々が人知れず号泣し、すすり泣いている様を見ました。一見華やかで、面白おかしく、幸せそうな生活が、実は、強い悲劇性の上に立ったものであったのです。

そしてそれは、彼に、没落したインドの隠し持っていた本当のすばらしさや可能性を再認識させて、後にこう語らせました。

「ここにくる前は、私はインドを愛していました。しかし、今は、インドの塵さえもが私にとって神聖なものになりました。インドは私にとって、聖地であり、巡礼地であり、それ以上のものです」

「今、私はたった一つの思いしか持っていない。それはインドだ。私はインドを待ち焦がれている！」


彼は、飢えたインドの民を救うには、物質的な豊かさが不可欠であるとは思いました。そのためには、科学が有効な武器の一つになることは間違いないと信じ、インド賢者の叡知を求める西洋にはそのための師をインドから送り込むと同時に、インドへは西洋の科学知識や技術を持つ人々を師として連れ帰りました。

しかし、だからといって、インドに西洋化の道を歩ませようとはしませんでした。むしろそれを諫めようとしました。彼は、インドの貧しい人々が、科学のもたらす物質的繁栄を過度に求めるようになれば、それは、彼らが物質的豊かさを手に入れるのと引き換えに、より悲劇的な不幸を背負い込むことになっていくと正しく認識していたからです。

したがって、その時の彼がインドを復興させていく上でもっとも重きを置いたのは最新の科学知識や技術の紹介や導入ではなく、インドの太古の賢者たちの叡知である、ヴェーダやヴェーダーンタの教えの偉大さを、すべての人々に再認識させることだったのです。なぜなら、インドの没落の元々の原因が、そもそもそれを見失ったことにあったからです

そして、その思想に触発されるような形でインド独立の父となったのがあのマハトマ・ガンジーだったのです。

われわれもまた、こうした人々の取った行動や教えの中から〈何か〉を学ぶべきところに来ています。

なぜなら彼が一〇〇年以上前に見た西洋社会は、そっくりそのまま今われわれの生きている社会にもあてはまることだからです。

この一〇〇年あまりの間に、科学はどれほど発達し、世界はどれほど驚異的な変貌を遂げたのでしょう。それは、誰の目から見ても想像を絶するものです。

人類はこの僅か一〇〇年の間に、想像を絶するほどに科学を発達させ、信じがたいほどに

便利で面白おかしい機械で世界を満たし、豊かで華やいだ社会を作り上げてきました。しかし、人々の人生は幸福で満ち溢れてはいかなかったのです。

それどころか、家庭でも、社会でも、学校でも、陰で人々が流し続けている涙や、号泣やすすり泣きの声は強まってさえいるのです。だとすれば、われわれが何かを間違えたことは疑いようがないのではないでしょうか。

われわれが何かを間違えていたとしたら、その答えはおそらく、インドの賢者たちが西洋の侵略者たちに語って聞かせた、

「科学が人々に提供できる豊かさは物質的なものに限られています。いくら物質的に豊かになったとしても、物質に幸福という素材もなければ、幸福という製品もない以上、物質科学の発達は真の意味での幸福を人々に提供することはできません」という言葉の中に集約されています。

われわれは、明らかに、過去のどこかで、物質的に豊かになっていくことが、人としての幸福とイコールであると勘違いしたふしがあります。その結果として、もっと大事にすべきだった何かを捨て去りながら、物質的豊かさだけを追い求めて道を間違えてきたようなのです。

インドの賢者たちは、物欲に塗《まみ》れた西洋の侵略者たちに対してこうも語り聞かせました。

「あなたがたは幸福を物質的豊かさの中に探し求めます。しかし、わが同胞は、過去一度と

してそれを物質的豊かさのなかに探し求めたことはありません。わが同胞はそれをただひたすら、真理の中に探し求めてきました。そして、多くのリシたちが、ヨーギたちがそれを悟り、その秘密を開示してくれました。その秘密の悠久の歴史のなかでの開示の残像こそが、あなたがたがわれわれの文化の中に見ている宗教的な何ものかなのです」と。

そしてこのこともまた、われわれ日本人にもそっくりそのまま言えることなのです。われわれもまた、明治維新以前においては、悟りの中に真理をかいま見た人々の叡知を人生の指針として、贅沢や娯楽を味わうためではなく、人としての意義や価値を勝ち取るために人生を生きていこうとしていました。

断言しますが、明治維新以前の日本人の社会思想や人生観や価値観といったものの中にも、「物質的に豊かになっていくことが、人としての幸福とイコールである」というような底の浅い考えは一切存在していなかったのです。われわれの中にあったのは、そうした考えに陥ることを戒める思想であって、この底の浅い考えは、日本が明治維新以降、似非西洋化していくなかで患った、奇妙な流行り病でしかありません。

そしてそれは、元々海外から持ち込まれてきた病です。したがって、世界のほとんどすべてはこの病に冒され尽くしています。その結果として、今の世界があるのです。

第七章

原発に見る、カルト宗教化した科学信仰

今の世界は到底まともではありません。

われわれがもし今、真に冷静になって世界を振り返ったならば、そこにある世界が、いつの間にか〈科学〉という名の奇妙な神を信仰するカルト宗教のようになってしまっていることに気づくはずです。

この、〈科学〉という奇妙な神様を崇拝する教団幹部たちが好き勝手にこの世界を作り替えて来た結果として、全人類を明日にでも滅ぼしかねない危機が目の前に迫りつつあるというのに、われわれはまだ、その現実から目を背けながら、この奇妙な教団にすがり続けようとしているのです。

だとすれば、それは本当に「まとも」と言えるのでしょうか？

われわれは、それを「まとも」と言い続けている人たちを、今後も有識者として崇め、彼らの意見に従い続けなければならないのでしょうか？

このことを、われわれに今、真に問いかけているのが福島の原発事故なのです。

〈科学〉を絶対的な神として崇めるカルト教団は、すでに全世界を支配しています。われわれが生まれ落ちたその瞬間から今日に至るまで、全面的に「科学こそが絶対の救世主だ」というマインドコントロールのなかで生かされているのです。「この救世主の栄光に疑いを抱くことも、その活動に制限を加えようとすることも、この救世主以外のものに、救いを求めるようなことも絶対に許されないことである」というマインドコントロールです。

しかし今、そうしたマインドコントロールさえ打ち砕こうとする出来事が、地球温暖化が引き起こし始めた異常気象による滅亡へのカウントダウンや、原発事故としてわれわれの世界に起こり始めています。

すべてのカルト宗教において、その支配下にある信者をマインドコントロールから解き放つものが、事実の正しい認識しかないように、われわれもまた、自らの陥っているマインドコントロールから解き放たれるための唯一の手段は、現実をあるがままに自分の目で見つめ、自分自身の力でその現実が意味しているものが何であるかを考えることです。

「われわれが、このまま原発を造り続けることは、本当にわれわれの子や孫や子々孫々のために良いことなのでしょうか?」と。

今回の震災による福島の原発事故がわれわれに問いかけているのは、ただこの一点だけです。

われわれの世界には、いたるところに古代の人々が残した遺跡があります。そうした遺跡のすべてが、古代の人がその遺跡を造り残しておいてくれたことを心から喜べるものばかりで、ただの一つもわれわれを苦しめたり嘆き悲しませるようなものは存在していません。

しかしわれわれが今、自らの子孫たちに遺跡として残そうとしているのは、それに近づけば確実に非人間的な死に至る放射性廃棄物であり、廃炉となった原発なのです。

つまり、それを自覚していようがいまいが、われわれが原発で得たエネルギーで安楽に暮らしているという事実は、未来の子供たちの嘆きや悲しみや非業の死と引き換えに、安楽を楽しんでいるということ以外の何ものでもあり得ないのです。

そしてそのことが、われわれに問いかけてくるのは、次の一点だけなのです。

「それでもまだ、われわれは原発を持ち続ければならないのでしょうか？」

もしそうだとすれば、それは一体何のためになのでしょうか。


チェルノブイリの事故から二五年目という節目を迎えた今年の四月十九日に、地元ウクライナの首都キエフで原子力の安全利用に関するサミットが開かれたことを新聞が報じています。

当然のこととして、そこでは福島の深刻な原発事故を受けて、「津波や地震や火災、テロといったあらゆる不測の事態に耐えうる安全な原発を」というテーマが掲げられました。つまり、国際的な原発の安全基準を取り決め、それをクリアしていない原発に対しては、改善を求めたり建設や稼働ができないようにしよう、というような提案がされたわけです。

われわれの目から見れば、これは当然すぎるほど当然な話で、誰がどう見ても、異論をはさむ余地のないようなもっともすぎる意見に見えます。なぜならこれはただ単に、「原発を持つ国は、原発を持つ国としての責任において、より安全な原発を造るよう努力しましょう」という提案にすぎないからです。つまり、〈絶対安全〉というような無理は言わないから、この先も原発を作り続ける気なら、せめて国際的な安全基準を設けて、それ以下の、安全と言えないような原発は造らないようにしましょうよ、というだけの話なのです。

原発を国策として推進しているすべての国において、原発関係者の言っていることは「わが国の原発は何があっても安全なように造られている」というものです。だとすれば、この提案は何の問題もなく、全会一致で採択されるはずです。

しかし、現実にはそうなりませんでした。その会議のなかで現実として起こったことは、原発を国策として推進しているほとんどすべての国が、「そんな話には賛成できない」として難色を示したというものだったのです。

理由は簡単です。そんなことをすれば、原発の建設や稼働や廃棄におけるコストが膨大に膨らんでしまうからです。

この会議の席上で、ロシアのセチン副首相は、二〇〇九年末に旧ソ連型原発を閉鎖したりトニアのクビリウス首相が、隣国のロシアやベラルーシの原発計画について、国際的な安全審査を経ていないとして「大きな懸念を抱いている」と訴えたのに対して、「わが国の原発は、最新型であり、地震にも飛行機の墜落にも耐えうる」と反論しています。

そしてこれと同じことを、私は福島の原発事故直後の関係者の口からテレビを通して聞いていました。原子炉建屋が今後壊れるのではないかという番組キャスターの質問に対してその人は「それはあり得ない。なぜなら原子炉建屋は、飛行機の墜落にも耐えられるように造られているのだから」と。そしてその数時間後に、その建屋は、飛行機の墜落より遥かに威力の少ない水素爆発によって呆気なく吹き飛んでしまったことは誰もが知っているとおりです。つまり、原発関係者の誰も、原発がどの程度安全であるかを知らないままに「安全であると」と言っているにすぎないということなのです。

もう少し正直な人々はこう言います。

「原発が比較的安価に電力を得られるという魅力は、原発の潜在的危険性を上回る」と。

また「福島第一原発事故後、欧州先進国などから原発推進を見直す動きが出ているが、財政事情が苦しい旧ソ連諸国にとって、原発を諦めることは難しい選択だ」とモスクワ共同は解説し、ソ連時代にチェルノブイリ原発事故を経験したウクライナのアザロフ首相は「金持ちの国だけが、(原発)閉鎖の可能性を議論できる」と述べたと伝えています。資源に乏しい、他の旧ソ連諸国も似たようなものです。その一つで、電力の半分以上を老朽化した原発で補うアルメニアの首相は「福島の事故は、アルメニアの原発計画を妨げない」と強調し、「新原発建造計画を推進する構えである」と述べ、ロシアのプーチン首相もまた「多くの国では原子力抜きでエネルギーバランスを考えるのは難しい」と述べ、中小国への原発プラント輸出を推進する考えを示したとも伝えられています。

こうした事実からわれわれが読み取らなければならないことは、「原発を造る側の目的はあくまでそれによって何らかの経済的利益を生み出すためであって、それ以外の何ものでもあり得ない」ということなのです。

今回の福島の原発事故にしても、これほど深刻な事故を起こしてしまった一つの問題は、このコストという問題です。今回の地震や津波に耐えうる原発を造ることは技術的には可能だったかもしれません。しかし、コスト的に不可能だっただけなのです。

これは、世界中の原発のすべてについても例外なく言えることなのです。

世界中の原発がなぜ稼働しているかというと、それが本当に安全だからでも、地球温暖化阻止の切り札だからでもありません。それらの理由は、原発を推進したい人々が後付けの理由として考えついただけであって、本音はまったく別のところにあります。

それは、原子力発電が他の発電に比べて、(今のところ)コストがもっとも安くすむからです。

もし誰かが新たに原発を建設しようとしたならば、反対運動は起こり、多くの困難を覚悟しなければなりません。それでもなお、そうした困難を押し切って世界中で原発は造り続けられています。それはなぜでしょう？　理由は簡単です。それがエネルギービジネスとして巨万の富を生むからです。

しかしその富とは、彼らが、自分が死んだ後の世界に生まれる人々の未来を悪魔に売り渡して得ているものなのです。もちろん彼らはそのことを正しくは認識していないでしょう。欲に目が眩んだ人間というものは、本来そうだからです。

しかし、だからこそ絶対忘れてはいけないことがあります。

原発が利益を生むビジネスとして成り立っているということが「一体何を意味しているのか？」ということです。

それは、世界中のすべての原発の建設コストや運営コストが利益を生むほどに低く抑えられているということを意味しています。そして次に考えなければならないことは「それはなぜなのか？」ということです。すべての原発は、なぜ巨万の富を生むほどに安くすんでいるのでしょう？　答えは簡単です。地震や、津波や、テロなどといった、未来に起こり得る不測の事態に対する可能性を低く見積もるか無視することによって、そうしたことの安全対策にかかるすべてのコストを低く抑えているからにすぎません。

原発を推進したい人々は、「今の科学、建築技術なら、今回の地震や津波に耐えるだけの原発を造ることはいくらでも可能だったし、今後も可能なはずである」と言うかもしれません。しかし、それは間違いなのです。

われわれはそのことを肝に銘じて、決してこうしたディベートに惑わされるべきではありません。

未来に起こりうるあらゆる天変地異やテロなどの不測の事態を予測して、それに耐えうる原発施設を作ることは、科学技術や建築技術上の問題としては可能だったとしても、そのことによって建設コストが無限に膨らんでいく以上、原発をビジネスとして成り立たせるための経営戦略の観点からは、それに対応するのは不可能なのです。

もっとわかりやすく言えば、すべての原発は、安全対策をあるレベルで切り捨てることによってしか建設できないということです。したがって、今も昔もこの先も、安全な原発など現実の世界のどこにも存在し得ません。

そのことを、原発推進者の口から、あるがままの本音として、図らずも語らせることになったのが、この会議でした。

そうした国々の主張は、その後、何カ月経っても深刻さを浮き彫りにし続けている福島の原発事故を見て、脱原発へと雪崩を打っていく全世界的な民意を無視できなくなったかのように「コストの増加を厭わない徹底した安全性の確保」という方向に傾きつつはあります。

しかし、そうした流れはあくまで、民意をこれ以上刺激しないための戦略であって、決して本心ではありません。彼らはただ、そうした方便のなかで世論をなだめながら、福島の原発事故が収束するか事故の生々しい記憶が薄れた後、そうした世論が、必ずもう一度逆のほうへと揺り戻されることを見越しながら、その時を待っているにすぎません。このことをしっかりと見抜いていないと、「コストの増加を厭わない徹底した安全性の確保」といううたい文句のなかで再構築されていく新たな安全神話の跳梁跋扈《ちょうりょうばっこ》を許してしまうことになります。

さらにもう一つ、この原発の問題と向き合おうとする時、われわれが忘れてはいけないことがあります。

それは、今までどおりの電気に満ち溢れた世界を求めながら原発反対を唱えるのであれば、その人の本質は原発を造っている側の人間だということです。また表立って原発推進を唱えて批判の矢面に立たされている人たちより、遥かに卑劣な人間だということにさえなります。

真実を言えば、現時点ではわれわれの誰一人として、原発をこの国に造ってきた人々を非難する資格はありません。なぜなら、その需要を生み出してきたのはわれわれ自身だからです。

今、そうした自分たちの生き方を、今回の事故を引き起こしてみせた自然そのものから問いかけられているだけです。

「それでもまだ、あなたがたは原発が生み出すエネルギーを欲しがり続けるのですか？」

「だとすれば、それはなぜなのですか？」

「自然は、あなたがたが破壊しない限り、この先もずっと永遠に変わることなく豊かな恵みを与え続けていくものです。その自然を破壊し尽くしてまで、なぜあなたがたは、その一時的な虚飾で光り輝くだけの世界を求め続けるのですか？」

「ほんの数十年前まで、あなたがたは電気のほとんどない世界で、今と同じ程度には幸せに生きていました。なぜなら、そこには電気がない代わり、豊かな自然と、その自然に抱かれて幸せに生きていくことのできる、人としての豊かな感性や自然観や人生哲学を持っていたからです。そして、電気に満ち溢れた便利で面白おかしい生活を手に入れる代わりに、そうしたもののすべてを失っていきました。あなたがたがこの先の人生でなすべきことは、知らず知らずのうちに自分を駄目にした、無用な便利さや有害な贅沢を自分の生活の中から捜しだし、一つ一つ排除していくことによって、そうしたものを手に入れていく過程で失い続けてきたものを一つ、また一つと、自分自身の中に人間的価値として取り戻していくことなのではないのでしょうか。なぜならそれが、『あなたがなぜ人として生まれ、人として生き、人として死んでいかなければならない人生の中に生み落とされたのか？』を悟るための真の王道であり、あなたに真の幸福をもたらすことのできる真の王道でもあるからです」

第八章

西洋が東洋に学ぶ時代

今、時代は明らかに大きく変わろうとしています。

何が変わろうとしているか？

それは一言で言うなら、科学の発達によって陥った物質オンリーの文明から精神文明への移行です。

それが意味しているものは、明治維新以来の日本が、政治、経済は言うに及ばず、自然観から生命哲学や人生論に至るまで、すべてのことを西洋に学んできたように、これから先の時代は、逆に、そうしたことのすべてを西洋が東洋に学ぶ時代に移行していくであろうということです。


明治維新以降、わが国を毒し続けてきた帝国主義や、経済至上主義は西洋のものであって、断じてわが深遠なる東洋のものではありませんでした。

世界がこの二つに支配され尽くした結果として、世界は今ある危機のすべてを抱え込んでしまったのです。

西洋においても、真の賢者たちはとっくの昔にこうなることに気づいていました。（『真理への翼』という本のなかで詳しく述べていることですが）進化論の代名詞としてその名が今なお語り継がれている・ダーウィンは愚かにもまったく気づいていませんでしたが、そのダーウィンの唱えたとされる進化論の真の生みの親であり、後にその進化論が帝国主義を正当化するための社会思想に歪められ、世界をマインドコントロールし始めた時、それに正面から反対したために、死後、進化論の歴史から完全に抹殺される運命をたどった、アルフレッド・ラッセル・ウォレスは知っていました。

アインシュタインは知っていたし、ヴィクトル・クーザンは知っていたし、ポール・リシャールは知っていたし、ヴィヴェーカーナンダもマハトマ・ガンジーももちろん知っていました。

だからこそ、彼らは次のように言及したのです。アルフレッド・ラッセル・ウォレスは、帝国主義者たちから与えられる高い地位や華々しい名誉のすべてをダーウィンに譲り渡すような形で進化論から身を引きながら、「われわれの社会体制は徹頭徹尾腐っている。われわれの社会環境はこの世界が経験したなかで最悪である」と帝国主義に染まっていく西洋を嘆きました。ヴィクトル・クーザンは、「われわれが東洋の……特にインドの……哲学的業績に目を通す時、そこにあまりにも深遠な真理を見いだして、思わずその前に跪かずにはいられなくなる」と東洋に感銘を受け、アインシュタインは「科学のない宗教は目が見えないのと同じであり、宗教のない科学は手足が不自由なのと同じである」と語りました。またポール・リシャールは、「新しき科学と旧き智慧と、ヨーロッパの思想とアジアの精神とを自己の内に統一せる唯一の民！　これら二つの世界、来るべき世のこれら両部を統合するのは汝の任なり」と告げ、ヴィヴェーカーナンダは帰国後、科学ではなくヴェーダーンタの復興に重きを置き、ガンジーは自らの生活の中から科学製品を排除し、もっとも原始的な方法で糸を紡ぎながら暮らしたのです。

今世界が呑み込まれつつある危機から、世界を救い出す力はもはや西洋にはありません。西洋にあるのは、それを深刻化させていく思想だけであって、世界を救い出す力がもしあるとすれば、それは、われわれが失ってきたものの中なのです。

私はそれが、インドの聖典であるヴェーダやヴェーダーンタの中にあることを学んできました。そしてそれと同じようなものが、仏教の真に正しい教えや、神道の真に正しい教えにも存在していることを見てきました。

それは間違いなくわれわれの失った文化の中に今なお、人知れず眠っているのです。

したがって、真にこの世界を滅亡の縁から救い、再生させたいのであれば、われわれはそれを自分自身の中に取り戻さなければならないのです。

なぜなら、われわれの未来を照らす希望の光は、誰一人の例外もなく、（生まれの善し悪し、頭の善し悪し、運の善し悪しなどの一切に関係なく）その人そのものの中に眠っているものであり、世界の未来を照らす光もまた、われわれ一人一人の存在そのものの深遠に隠されているからです。少なくとも、それがヴェーダやヴェーダーンタの教えです。

したがって、ヴェーダーンティストである私に言えることは、「われわれはそれを取り戻さなくてはならない」ということだけです。

そしてそのための第一歩は、脱原発に向かって踏み出すための一歩でなければならないのです。

そうしなければ、希望の光を灯すべき未来そのものが来ません。このままいけば原発は、いずれ必ずわれわれの世界を放射能で汚染尽くされた死の世界へと変えてしまいます。

原発が安全だという話は嘘なのです。それは、現実が証明していることであり、科学的にも形而上学的にも簡単に証明できることです。原発が安全であるという話は、現実から目を逸らしている人々の口から語られる幻想や妄想以外の何ものでもなく、科学的にも形而上学的にも一切正当性を持ち得ないものです。

人類が原発を稼働させ続ける限り、遅かれ早かれ必ず事故は起こります。しかもそれは、遠い未来ではありません。スリーマイル島、チェルノブイリ、そして今回の福島の原発事故というものが、僅か三〇年ほどの間に立て続けに起こっていることからも明らかなのです。

しかも、アメリカ、ソ連、日本という、世界のトップに立つ科学技術立国で起きてきたことであり、それが今、発展途上国を含めたあらゆる国々へと広がろうとしています。原発ビジネスでひと儲けしたい国や人々の「ちゃんとした安全対策と、安全管理さえしておけば、原発は絶対安全で、もっとも将来性を持つものである」という熱心な売り込みによって広がっているのです。

だとすれば、その結果として世界の未来に待っているものが何であるかは、改めて語る必要はないでしょう。

今世界中には、地球全土を何回でも破壊し尽くせるだけの核兵器が存在しています。そのため、ことあるごとに核兵器の廃絶が叫ばれ続けてきました。しかし、この核兵器には、人間の手によって安全に管理し続ける道や廃棄できる道が残されているだけ、原発よりましかもしれません。なぜなら原発には、そうした道さえ残されていないからです。

核兵器は、誰かが発射ボタンを押さない限り人類に害をなすことはないかもしれません。しかし原発は、それがどんなに安全に管理運転されていたとしても、途方もない毒性を持った放射性廃棄物を今この瞬間も生み出し続け、この先も未来永劫生み出し続けるものなのです。

しかもその放射性廃棄物をほんの僅かでも無害にすることは人間の手では絶対できないことであり、安全に廃棄する方法さえ人類はまだ見つけ出していません。原発関係者は、後は自分の知ったことじゃないと、それをとりあえず人目のつかない地中深くに埋めてしまおうとしているだけです。

それでも人類は、原発を持ち続けなければならないと言うのでしょうか？

こうしたことを、今本気で、国民全体で考えることのできる国は日本以外にありません。なぜなら、世界中のすべての国にとって、われわれが身をもって感じている原発事故に対する危機感は、それを見ている他のすべての国にとっては、しょせん日本という地震や津波の頻発国に起こった〈他人事〉でしかないからです。

しかし、スリーマイル島の原発事故がお粗末すぎる人的ミスによって引き起こされ、チェルノブイリの事故が原発のシステムそのものの構造的欠陥によって引き起こされたように、原発事故は地震や津波によってだけ起こるものではありません。しかも、地震というものが、地球上のすべての大地が常に（いくつもの方向を持つ水の流れのようにして）僅かに動いており、その動きが生み出す歪みの結果として発生するものである以上、その発生頻度に差はあったとしても、この先も永遠に地震と無縁でいられる国などないのです。

しかしそうした国に限って、地震を自分の国に起こるかもしれない災害として考える想像力や自覚というものがまったくありません。それは、地震津波頻発国であるわが国が、今回の震災が実際に起こるまで、そうした震災が現実となることをほとんど誰も想像もできなければ自覚もしていなかったことと同じです。

世界一の原発先進国であるフランスはその典型です。

この国の人々は、今回のわが国の原発事故を目の当たりにしても、まったくの他人事として何一つの動揺も見せず、自国の原発の安全性に対して揺るぎない信頼を寄せ続けました。

しかしだからといって、そうした人々が原発に対して正しい知識を持っているかといえば、必ずしもそうとは思えません。私はどちらかというと、その逆の印象を持ちました。

なぜなら、日本のテレビ局の「原発の事故は怖くはないのですか?」というようなインタビューに対して、原発を目の前にして牧畜や農業をしている人が「われわれは、万一の事故に備えて国からヨウ素剤を支給されているから大丈夫だよ」と笑顔で答えていたのです。つまり、われわれと、彼らの原発事故というものに対する認識がまったく違っているのです。

もちろん、フランスの原発関係者はこの見解に反論するでしょう。

「わが国においては、原発では何らかの事故は起こるものであるという前提のもとに、その事故を最小限度にとどめるための対策を怠らず、想定モデルの開発に巨費を投じ、組織だった避難訓練も怠っていない。それに対して日本は、テクノロジーへの過信から、起こりうる事故を前提とした準備が不足していた」と。

しかし、私にはどうしてもそうは思えないのです。なぜなら、そうしたフランスの原発関係者の言っていることが、最初から最後まで完全に矛盾しているからです。

彼らは言います。

「原発は安全だが、事故は起こりうる。だからこそ、事故を想定したモデルの開発が不可欠なのだ」と。そしてこうも言っています。

「スリーマイル島事故は人的要因が大きい。現場の職員は事故当時何が起きたのかを理解できず、最悪のシナリオを想像することができなかった。チェルノブイリは原発システムそのものに問題があった。原発保有国はそれぞれ、文化的な違いによる安全確保上の欠陥を抱えている」

しかしそれでもなお、結論としては「原発は安全である」と言い切っているのです。

論理学的に言えば、ここで語られている「原発は安全である」という根拠は、取り繕いようのない矛盾のなかで破綻しています。しかし、それを聞かされているフランス国民の多くが、こうした原発関係者の「わが国の原発は安全である」という説明に対して、一定レベルの信頼をおいているのです。

だとすれば、フランス国民の中にある原発への信頼や理解は真に知的なものではあり得ません。それは、「フランスの原発職員はアメリカ人より遥かに優秀であり、原発における科学技術はソ連より遥かに優れており、危機管理は日本の比ではないばかりでなく、わが国には、日本のような大きな地震は過去に起こったこともなければ、この先起こる恐れもないのだ」というただの〈安全神話〉に過ぎません。

もっともそれは他国の人の考えであり、私がとやかく言うべきことでもないので、それはそれでいいとも思うのですが、もしそうだとすれば、この国の原発は非常に危険であることを逆説的に物語っています。なぜならそれは、この国の原発が、巨大地震が起こる可能性そのものを排除した安全対策の上に造られていることを意味しているからです。

地震が起こったことのない国に造られている原発は、地震が起こらない限り何の問題もないと仮定することはできます。しかし、そのことが逆説的に暗示するものは、もし想定外の巨大地震がそうした国に起こった時には、その原発事故は今まで人類が経験してきた原発事故の悲惨さを塗り替えてしまうものになるだろうということです。

そして、世界のどこかで、本当に最悪の原発事故が起こった時には、原発に依存していたすべての国はエネルギー政策の転換を否応なく迫られることになります。なぜならその時こそ本当に、原発が存在している限り人類の未来はないと思い知らされることになるからです。

そしてその時必要となるのは、その道筋をグローバルリーダーとして世界に示すことのできる国家であり国民です。そして今、それができる国があるとすれば、それはおそらく今回の出来事を身をもって経験した日本以外にないのです。

そうしたことのすべてを正しく認識した上で、「それでも、原発は必要だ」と言うのであれば、私にはもはや何も言うことはありません。

その結果として、明日人類が滅びることになったとしても、それはそれでしかたのないことなのかもしれないと諦めるしかありません。私自身はすでに五六年間も好き勝手に生きてきた身なので、たとえ明日人類が滅びることになったとしても、それはそれで、「喜んで！」とまでは言えなくても、それはそれでしかたがないと諦めて、共に滅んでいくのも一興かな、という気はしています。

したがって、それはそれでいいのですが、それでもなお、そうした人々に「本当に、それでいいのですか？」と、この先も問いかけ続けてみたいという気がまったくないと言えば、偽りなのです。

なぜなら、そうした人々の出している答えが、原発の危険性のすべてを、問題点のすべてを、自分の子供たちの未来に待ち受けることになる悲劇のすべてを、本当に正しく認識した上で出しているものには到底思えないからです。

原発の関係者は、「過去の原発事故はすべて、危機管理や安全対策、旧型という点に問題があったから起きたことであって、そうしたことを教訓として万全の対策が取られていく今後の原発が、これまでのような危機的な事故を起こす可能性はほとんどない」と言い切ります。原発を求める人々は、そうした関係者の話を少なからず信用してしまっているようですが、それは間違いなのです。

今までの原発事故は、建築上、危機管理上、安全対策上の何か特別な欠陥があったから起きたのではないからです。すべての原発というのは、どれほどの危機管理、安全対策、最新の建築技術をほどこして建設されたにしろ、人々の陥る油断やミス、機械やシステムの故障や誤作動、予期せぬ災害や不測の事態といったものによって、それが存在し続ける限り、いずれ一〇〇%の確率で事故を起こすという前提の上にしか存在し得ないものなのです。

原発をそれでも求めるという人々は、このことが、本当には理解できていないような気がしてなりません。でなければ、自分たちのかわいい子供たちの未来に、原発という解除不能な（決定的な破滅をもたらす）爆弾を無数にセットしてまで、どうして電気を欲しがろうとしているのかがまったく理解できないからです。

自分の欲望を叶えることと引き換えに、自分たちの未来を悪魔に売り渡すというのであれば、まだ話はわかります。しかし自分の欲望と引き換えに売り渡そうとしているのはこれから生まれてくる子供たちの未来なのです。私には、原発を必要だと考えているすべての人々がこのことを正しく理解していないような気がしてなりません。

原発推進キャンペーンのCMの中に、「このきらびやかな街の明かりを生み出している電気の三分の一は原子力発電なのです。この電気の恵みの消え去った世界で子供たちを暮らさせたいですか？」というような問いかけをしているようなものがありました。

もちろん誰だってそんなことはしたくはありません。

しかしそれはあくまで、次の問いかけが現実問題としてあり得ない場合の話でしかないのだということを、すべての人が肝に銘じておく必要があります。

即ち、「あなたは、今の生活を満たしている電気の恵みをほんの少しも失いたくないという欲望だけのために、自分の子供たちを、チェルノブイリの廃墟や、福島のガイガーカウンターが振り切れるような原発事故の跡地と化した世界で生活させたいのですか？」というような問いかけです。

今の電気がたとえ半分以下になったとしても、人はいくらでも幸せに生きていくことはできます。しかし、もし万が一、世界の大半がチェルノブイリの廃墟や、福島の原発事故の跡地と化してしまったならば、人がどう頑張ったとしても幸せに生きていくことなど不可能なのです。

第九章

新たな時代の幕開け

人類は今、われわれが自覚しているよりも遥かに大きな、文明の岐路に立たされています。それはただ単に、節電を心がけて脱原発を目指すかどうか？　というような生ぬるいものではありません。なぜなら、地球温暖化阻止の問題と共に、近代文明の命綱ともいうべき石油が枯渇する日がそう遠くない将来に迫っているからです。

しかも、石油がなくなる日は、少しずつゆっくりとやってくるわけではありません。石油の埋蔵量がまもなく底を突くということが現実味を帯びた瞬間から、最後のひと儲けを企む人々の情報操作のなかで発表のタイミングを計られ、情報が発信された時には、石油価格は高騰し、一瞬にして庶民の手には届かないものになっているはずだからです。

そうなった時、何が起こるかといえば、単に昨日まで普通に街を走っていたガソリン車が次の日からタイヤを付けた粗大ゴミに姿を変えていくだけではなく、すべてのプラスチック製品や、洗剤や塗料、トイレットペーパーや農薬、スーパーの棚に並んでいる飲み物や食料品といった、あらゆる石油関連製品が姿を消していくことを意味しているのです。

あまりに途方もない話なので、現実に起こることとしてはまだ誰も想像できないかもしれませんが、それは確実に、そう遠くない未来に、一〇〇%の確率で起こることなのです。そしておそらく、一〇〇年先二〇〇年先といった遠い未来の話ではないはずです。

地質学者たちが、あとどれくらい地球に石油があると試算しているのかは知りませんが、石油が、いったん消費したならば消え去るだけで補充されることはあり得ない資源である以上、使い続けているかぎり、消え去る日は必ず来るのです。

それは一〇〇%確かなことであり、誰にもどうすることもできません。

そしてもし、その〈Xデー〉が明日訪れたとすれば、その瞬間に人類のこのきらびやかな繁栄のすべては悪夢のようにして崩壊してしまいます。それも、一瞬にして——。

しかし、これほど重大な危機がわれわれの未来に迫っているというのに、誰もこの危機について騒ぎ立てていません。そうした危機はまだ当分先のことであって、自分が生きている間に起こるようなことではないと誰もが思っているのでしょう。

少なくとも、自動車業界が、未だにガソリン車を当たり前のように造り続け、世界の危機管理にあたっている誰一人として、石油が枯渇するという危機を本気で訴えていないから、まだ当分の間は大丈夫なのだろうと誰もが考えています。

しかし、本当にそうなのでしょうか?

私はそうであることを祈ってはいますが、心のどこかでそれを疑ってもいます。

なぜなら、われわれ人間は、目の前に迫りつつある危機が途方もないものであればあるほどに、その危機からは目を逸らし、現実逃避のような未来を夢見る傾向があるからです。

誰もが、石油が枯渇する日が迫っていることを心のどこかで感じています。しかし誰一人として、その現実を直視しようとはしていません。なぜなら、直視したところでどうにもならないからです。だから、そうした事態は、自分が生きている間に起こらないと信じて、そのような危機など存在していないかのような日々を生きているだけです。いざとなったら、誰かがなんとかしてくれるだろうと、淡い夢すら抱いています。

そして、すべての国の政界や経済界のリーダーたちも似たようなものです。なぜなら、それはどこの誰にとっても、手に余る問題だからです。

だからこそ、すべてのリーダーたちは、そのことについては、何も考えないようにしているだけのような気がします。

そうしたすべての無責任なリーダーたちにとって、その問題について何も考えないでいることは、実は（驚いたことに）何の問題もないのです。なぜならそれは、老い先短い彼らの死んだ後に起こるはずのことだからです。

おそらく彼らの頭の中には、自分たちの死んだ後の世界に起こることとは、自分たちが死んだ後の世界に生きている者たちがなんとかすればいい、という思いが必ずあるはずです。

しかし、彼らより若い世代の人々にとっては違います。それは、他人事ではすまないのです。

現実には、まだ、石油が消え去る日が近づいて来ているという話はどこからも聞こえてきてはいません。

しかし、原油はまだ有り余っていると言うマスコミの報道とは裏腹に、原油価格は、近年では高騰し続けています。その原因は、単に産油国であるアフリカや中東情勢の緊迫化や、石油の先物取引などでひと儲けを企んでいる人々の巨大なマネーゲームの結果であるとしか報道されていません。

しかしその一方で、世界中の国が、新たな油田の確保に血眼になって奔走しているという事実があります。さらに、石油資本が、いったん石油流失事故を起こした時には巨額の賠償金を払わなければならないという大きなリスクを背負ってまで、深海の海底油田に手を出し始めているという事実もあります。それと平行して、石油から、（従来の天然ガスではなく、今までは技術的な問題で有効利用が困難であった新たなタイプの、シェールガスやメタンハイドレートといったような）天然ガスへのエネルギー移行も進められています。

こうしたことが物語っているのは、本当に石油はまだ有り余っているということなのか、それとも、確実に人類は石油資源を使い切りつつあるということなのかは、誰の目にも明らかだと思うのは私だけでしょうか。

わが日本において、自家用車が庶民のものとなって本格的に普及していったのは、一九六四年の東京オリンピック以降のことです。つまり、人類そのものに自動車が行き渡ってからまだ半世紀と経っていないことを意味しています。その僅か半世紀足らずの間に、人類は、石油に変わる次世代のエネルギーを探し求めなければならない流れになっています。その事実からみて、石油が枯渇するのは、どんなに長くとも、今を折り返し地点とする半世紀以内ではないのだろうかと考えるのは私だけでしょうか。

いずれにしろ、それがいつどのような形で訪れるにしろ、われわれの文明が今ある天然資源のすべてを使い切ってしまう瞬間は、いつか必ず訪れるということだけは確かです。その時世界が、どれほどの混乱に陥ることになるのかをわれわれの誰も、リアルには予想できていません。なぜならそれは、われわれの想像力を遥かに超えた出来事だからです。

石油がなくなるということは、ただ単にガソリンや灯油が消え去ることを意味していません。ガソリンや灯油の代わりは、天然ガスや、太陽光発電などの代替エネルギーでできるかもしれません。しかし、これまで石油ありきで生産されてきた、石油関連製品のほとんどすべては消え去ることを意味しているのです。

それは、石油が消え去った後に起こることではありません。石油が近い将来枯渇するとわかった瞬間に、パニックとして起こることです。それをわれわれの多くは、一九七〇年代に起こったオイルショックとして経験していますし、首都圏の人々は、今回の震災の余波として起こった買い占めや生産ラインのストップによる出来事として経験しています。

そうして起こった過去のパニックのすべては、一時的で、すぐに解決するものでした。しかし、今後の世界に待ち受けている天然資源の枯渇によって起こるパニックは、その後にわれわれを待ち受けている全人類的な困難、全人類レベルでの食料危機を含む困難の単なる幕開けにすぎないのです。

その後に待ち構えているものが何であるのかを、われわれが今の時点でどれほど想像力を働かせたとしても、そのほんの僅かすら現実のものとして思い描くことはできません。

それは、事前に誰かが「マグニチュード九の地震による大津波の引き起こす未曽有の被害」と聞いていても、東日本大震災の被災地を襲った出来事のほんの僅かでさえ思い描けないのと同じことです。

しかしそれは、本当に起こるか起こらないかわからない地震や津波の話と違って、人類のそう遠くない将来に、一〇〇％確実な出来事として待ち受けていることなのです。

われわれが何をどう頑張ったとしても、この出来事を回避することはできません。われわれにできることはただ一つ、その時に起こる混乱を、できる限りのソフトランディングで乗り切るための準備を、今のうちから着実に進めておくことだけです。

しかし現実問題として、石油もなくし、その代わりのエネルギーを生み出すはずであった原発もなくしたような世界で生きていくための準備など、われわれに可能なのでしょうか？

もちろん可能です。

なぜそう言いきれるかというと、われわれは元々、ほんの数十年前までは、電気も石油も存在しない世界で、今より遥かに人間らしく、今と同じ程度には幸福に暮らしていたという事実があるからです。

われわれは今体験している生活というものが、人類にとって当たり前のことであるような気がしています。だからこそ、そうした生活がこの先もずっと続いていくことが当たり前のような気がして、未来に迫りつつある危機というものを実感することも、受け入れることもまったくできずにいるのです。

しかしそれがどれほど愚かな勘違いであるかは、人類の歴史を振り返ってみれば誰にでもわかることです。今のわれわれの生活は、人類がかつて経験したことのなかった極めて特殊なものです。

われわれはその繁栄を、高度に発達した知能が生み出す、〈科学〉によって手に入れたのだと考えています。したがって、科学さえ失わなければその生活も失われることは永遠にないのだと……。

しかし、それは愚かな迷妄であり、真実ではありません。われわれがこの数十年の間に発達させてきた科学の本質は、自然の中に存在していなかった新たな何かを生み出すような魔法ではなく、ただ単に、それまで自然の中に隠されていた天然資源を別の何かに作り替えて、電気にも石油にも、電化製品にも、生活用品にも、生活雑貨も、食料にも、教育にも、娯楽にも、交通機関にもこと欠かない社会を作り出すための技術を生み出してきたにすぎません。したがって、現代科学が生み出しているハイテク機器のすべては、本質的に、原始時代に人類が作り出した石器や石斧と何一つ変わらないのです。

今のハイテク家電がそれ以前の世界には存在していなかった画期的な道具というのであれば、原始時代の石器もまた、それ以前の時代には存在していなかった画期的な発明と言えるでしょう。現代の科学と原始時代の手作業によって作り出されていた、ハイテク機器と石器というこの二つのものの間には、その製造過程がやや複雑であるかどうかの違いだけで、本質においては、その双方ともが自然のなかに存在していた資源を人の智慧と労力によって新たな何かに加工しただけという点で、違いは何一つ存在していません。

つまり、石器を作る技術が石がなくなった時点で何の存在価値もなくなってしまうように、あらゆる科学技術もまた、同じように、利用すべき天然資源がなくなった瞬間に何の力も発揮できなくなるのです。

したがってそれが、自然の恵みを枯渇させ、原子エネルギーのように自然を根本から破壊するものであり続ける限り、そうした科学は、ほんの一時の物質的繁栄と引き換えに、その後の人類の未来を閉ざし、悲嘆の中に叩き落とすようなものにならざるを得ないのです。

もしそれを避けたいのであれば、人類の科学が、今後そうした、自然を支配しようとするような傲慢なものから、もっと謙虚で、自然の恵みなしにはどのような科学技術も意味を成さないのだということを思い知った上で、自然の恵みをいま少し請い願うような有徳のものになっていくしかありません。その時にだけ、科学は本当の意味で人類に益をなすものとなる道が開けるのです。

科学の発達とともに人類が物質文明の栄華として体験してきた、この半世紀あまりの特殊性は、ただ単に、その間に人類が物質文明の栄華を極めたことを意味しているだけではなく、人類が今までに経験したことのない、人間性の喪失や、家族や親子間の絆の崩壊、自己の存在意義の喪失、絶望や虚無感というものを、〈新たな苦悩や悲劇〉として体験してきたことの特殊性でもあるのです。

われわれが世界を旅してみればわかることですが、電気もテレビもないような現代文明と隔絶された場所に行けば行くほどに、そこには、われわれの暮らす世界にはない問題や貧しさを見いだすと同時に、そこに暮らす子供たちの中に、われわれの世界では見たことのないような、子供としての愛らしさや、純朴さや、優しさや、幸せそうな輝きや躍動感に満ちた笑顔や言動を見せつけられたりします。

それらはわれわれの世界に生きている子供たちから失われ続けてきたものです。

そうしたことを見せつけられた時、われわれが真に知らなければならないことは、貧しい世界に暮らす子供たちが、物質的には繁栄しているわれわれの世界の子供たちに比べて、決して不幸というわけではないということです。

なぜなら、子供たちが日常生活のなかで表現しているもののすべては、ただ単に、子供たちの嘘偽りのない〈心の状態〉の、無意識のなかでの表現にすぎないからです。

われわれのように、経済大国に生きる大人たちは、あらゆる娯楽、食料、ハイテク家電、教育、交通機関に満ち溢れた、何不自由なく暮らすことのできる世界に生きている自分たちの子供は幸せで、そうでない世界に生きている子供たちは不幸だと信じて疑いません。

しかし決してそうとも言えないことを、子供たち自身が、自らの何気ない日常の表情や言動で教えてくれているのです。

人間の幸せは、そうした物質的な繁栄によってだけ実現できるものではないのだということを……。だからこそ、それを失うことを過度に恐れる必要はないのだということを……。

われわれは、今の物質的繁栄を失うことを恐れて、しがみつこうとすればするほど、それをもっとも悲惨な形で失います。

しかし、逆に失うことを恐れず、物質文明のもっとも有害な部分から積極的に切り捨てながら、新たな精神文明への移行へと果敢に挑戦していくならば、逆にもっとも失うものは少なく、手にすることのできるものは多くなります。われわれが手に入れるものとは、今より確かな幸福感や自分の存在価値を実感させてくれるような、新たな精神文明であり、それを補佐するようにして復興していく新たなタイプの（できる限り自然破壊も、汚染もしないような）洗練された科学文明です。

そのためにわれわれが踏み出すべき第一歩は、脱原発であり、脱原発を実現させるための、あらゆる省エネへの取り組みでしかあり得ないのです。

早ければ早いほど、われわれへの負担は軽減され、新たな科学文明の復興は早まります。なぜなら、われわれはすでに、再生産可能な（菜種油などを使った）バイオエネルギーや、植物由来の（土に還る）バイオプラスチックの技術などをすでに持っているからです。ただ、コストの問題や真の必要性が人々に認識されていないために、その普及と開発に弾みがついていないだけなのです。

これはわれわれの意識次第でどうにでも変えることのできる問題です。しかしその意識は、生半可な覚悟で変えることのできるものでもありません。

それは脱原発と同じように、われわれが今ある生活をいったんすべて捨てるくらいの覚悟が必要なのです。その覚悟が強ければ強いほど、われわれは、実際には失うものがもっとも少なく、新たな輝かしい未来への扉を開けることができます。

問題は、その覚悟ができるかどうかです。

そうしたことを考える時、われわれの頭の中には必ず、「はたして、それは自分に可能だろうか？」という疑問が浮かびます。「はたして、エアコンを使わずに、あの耐えがたく暑い不快な夏の日々を過ごしたり、底冷えのする冬の日々を耐え忍んだり、携帯電話やインターネットの使用を控えたり、といったことを実践しながら生きていくことが本当にできるのだろうか？」と。そして、その次に浮かぶのは「本当に、そんなことをする必要があるのだろうか？」という考えです。「自分一人がそんなことをしても、何の意味もないのではないか？」と。「滅びる時には、世界は何をしても滅びるのだ。だったら、好き勝手に生きたほうが得なのではないか？」と。

そうした思いは、われわれのように、電話もテレビも車もないような時代を実際に子供時代に経験してきた人間にさえ浮かびます。ましてや、そうした時代をまったく経験したことのない若い世代の人々ならなおさら、そうした思いにとらわれることだろうと思います。

本当に「それでいい！」と感じているのなら、私には何も言うことはありません。私はこの本を通して、ただそうした人々に自分の考えを伝え、問いかけたかっただけなのです。その結果として、この本を読んだ誰かが、そうした結論を出したのであれば、それはそれでいいのです。なぜなら、自分の生き方を決める権利は、すべてその本人に与えられているのであって、それ以外の誰にも与えられてはいないからです。

この世にはいろいろな考えを持つ人がいます。だからこそ、いろいろなドラマも生まれ、面白いのです。そのドラマの結末が〈破滅〉であったとしても、それはそれでしかたがありません。少なくとも、自分には、そうした決断をした人をとやかく言う資格があるとは思っていません。

確かに、ほとんどの人にとって、今すぐ消費電力を半分以下に減らすような生活は不可能に思えるでしょう。

しかし、それもまた（私に言わせれば）一種の思い込みであって、真実ではないのです。それはひょっとすると、想像よりも簡単なことで、慣れてしまえば快適でさえあるかもしれません。

なぜそう言えるかというと、私自身が、すでに五年以上前から、生まれ故郷の熊本で、三六度以上の蒸し暑い猛暑日が毎年一カ月以上続く夏も、氷点下に下がる冬も、家に二台あるエアコンは飾ってあるだけで、スイッチは一度も入れたことがないという生活をしているからです。

パソコンは原稿を書くのに使っていますが、インターネットには繋いでいません。携帯電話も今まで持ったことがなく、使い方すら知りません。そのため、以前、新潟の地震被災地での焚き出しのボランティアに参加した時には、携帯電話での連絡がどうしても必要になり、仲間の一人が自分の携帯電話を貸してくれたのですが、使い方を知らないことがわかり、原始人でも見るかのように驚かれたことがあったりします。

おまけに、十年以上前から、肉や魚や卵はおろか、動物性のダシの入った食べ物も一切口にしないというかなり厳格なヴェジタリアンとして生きていたりもするので、一般の人から見れば、そうとうあり得ないような生活も実践しています。したがって、一般の人たちが間接的に消費している、家畜を飼育するのに使われているエネルギーも、魚を養殖したり捕獲するために使われているエネルギーも、そうしたものの輸送、保存にかかるエネルギーも消費していないことになります。

そうした生き方を実際に自分でも実践し、自分の周りにもそうした生き方を実践している人々を仲間として数多く見てきた人間だから言えるのですが、それが誰からも強要されたものでない、〈自分が、自分に、望む生き方〉として、完全に自発的な動機から始めたものである限り、他人が思っているほどには大変ではないのです。

ただ問題は、それが誰からも強要されたものではない、〈自分が、自分に、望む生き方〉として選んだ、完全に自発的なものでなければならないということだけです。

たとえば今、あなたが権力を持った誰かから、突然、「今後一切、死ぬまで、肉も魚も卵も食べてはならない」と言われたとしたらどうでしょう? あなたは嘆き悲しむだけで、喜びなど何一つないのではないでしょうか？　しかし、まったく同じことを、もし自分自身の意志で、ダイエットや失われた健康を取り戻すために始めたとすれば、それはあなたに嘆きや悲しみを与えることはなく、逆に、目標を達成するための意義ある課題や達成できた後に喜びをもたらす生き甲斐に変わります（もっとも私がヴェジタリアンとしての食生活を実践しているのは、ダイエットのためでも、健康のためでもなく、ただ単純に、ある日「そういう生き方ができたらいいな」と思い、気がついたらそうした生き方ができていたからにすぎませんが……）。

節電であれ何であれ、人が今までの自分の生き方を変えようとする時に体験する苦痛や困難は、基本的にそれと同じで、ほかの何ものでもあり得ません。

問題は、そうした生き方を、本当に自分にとって〈正しいもの〉として認識し、〈自分が、自分に、望む生き方〉であると思えるかどうかだけでしかありません。

私は今、そうした特殊な生き方をしていますが、だからといってもともと特殊な人間だったわけではありません。私はもともと野菜や果物が好きで、暑さや寒さに強かったわけでもなければ、我慢強かったわけでもなく、どちらかというとまったくその逆で、極端に暑さに弱く、野菜や果物もほとんど食べず、肉や魚ばかり食べていた人間であり、おまけに肉体的精神的苦痛に対してもまったく我慢のできないタイプの人間でした。

そのため、埼玉で暮らしていた六年前までの日々は、夏の間は、寝ている間も一日中クーラーをつけていないと生きていけなかったものです。

実際、クーラーは来客用に備えつけてはあるものの、家族のためには動かそうとしない父の頑固な性格のため、クーラーの使えない実家の夏は地獄のようであり、一日として耐えられず、ここ何十年という間、夏の間は一切寄りつこうとしていませんでした。

そんな私が実家で暮らすことになったのは、ある日、ふとした会話のなかで母が認知症になっていることがわかったからです。

それは、前々から少し母の言動が変だなと感じていた私が、半分冗談で尋ねた、次のような質問がきっかけです。

私は母親に「母さんは、俺が息子だということをわかってる？」と尋ねました。それに対して母は非常に驚いたように、「そんなこと、今初めて知ったよ。それは本当ね。本当ならこんな嬉しいことはなか。ばってん、なして今まで誰も教えてくれんだったつだろうか。子供はおったはずばってん、誰も会いに来てくれんから、見捨てられたと思って、たいぎゃな寂しかったつよ。良かった、あんたが息子とわかって」と。

そして、感に堪えないような表情でしばらく私の顔を見つめた後、ふとわれに返ったようにこう続けたのです。

「それで、あんたの本当のお母さんはどこにおんなはっと？」

それから、一カ月、二カ月と、実家に帰って母親の面倒を見る日が増えていき、五年ほど前から実家に居を移し、本格的な介護が始まりました。

それから、加速度を付けていくように認知症が悪化していく母親の介護は、地獄のような真夏の暑ささえも気にしていられないほどに大変なものでした。それは、障害児施設で何年かボランティアを経験し、介護というものに対して決して無知ではなかった私にとってさえ、想像を絶するものでした。もっとわかりやすい比喩で言うなら、新聞やテレビで報道される、介護の日々のなかで介護している親を殺して自分も死に至る道を選んだ人のことがまったく他人事とは思えなくなるような日々でした。つまり、今まで地獄のようだと感じていた暑さすら感じていられないほどのものだったのです。


そうした自宅での介護の日々は、母親の骨粗鬆症が悪化したことなどもあって、二年ほどで終わり、その後は老人介護施設へ入所しました。入所させて私が知ったのは、介護職員の方々の想像を絶する大変さでした。そのため、少しでもそうした職員の方の労力を減らすために、昼食時と夕食時の二回は母親の食事を介助するために施設に通い続けました。

その生活も、母親が大腿骨を骨折して寝たきりになったことで終わり、今は車で片道一時間ほどかかる熊本市内の病院に入院しています。今は、そうした母親と、一人では生活できなくなった父親の面倒を見る傍らで、こうした原稿を書くような生活を送っています。

そして気がつくと、私の体は、以前は地獄のようだと感じていたクーラーなしの熊本の夏をそれほど耐えがたいとは感じないまでに、適応していました。もっともそこには、最高気温四六度、最低気温でさえ三七度以上で、体温以下に冷えた水一杯手に入らないというインドの過酷な環境に揉まれたおかげもあるのかもしれませんが、とにもかくにも、私の体はそのように適応していたのです。

今日、五月九日、わが熊本の気温は今年初めて三〇度を超え、湿度の高い真夏日を示しました。これから春を一気に通りこして、連日猛暑日を記録する夏が来ます。

それは確かにクーラーなしには〈耐えがたい夏〉ではあるのですが、不思議なことに、そんな耐えがたい夏を耐えていることを楽しんでいる、もう一人の自分がいたりするのです。耐えがたい夏を耐えに耐えた後、ある日突然、夏の終わりを告げる涼しい秋風が吹いてきます。今まで、夏が終わることを待ち望んでいたはずなのに、その風を感じた瞬間に、耐えがたい夏が終わろうとしていることを寂しく思う自分がいることに気づいたりするのです。

しかし、だからといって、都会で生活している人々に、そうした生活をしろというつもりはまったくありません。なぜなら、それがほとんど不可能なことを、私は自分が都会で二〇年以上に亘って暮らした経験上知っているからです。

私がそうした暮らしを実践できているのは、あくまで自然に囲まれた田舎で暮らしているからです。同じ湿度の同じ猛暑日でも、自然のない都会と、自然に囲まれた田舎では、何かが違います。

われわれは一極集中型の大都市型文明を止めるべき時期にも入っているのです。都会の、きらびやかなネオンや喧騒のなかでしか生活できない人というのは、明らかに人としても生物としても何らかの病にかかっています。そうした人は病が癒えるまで都会に住み続ければいいと思います。しかしそうでない人もいるはずです。そうした人から、少しずつ田舎を目指して、新たな地方分散型の文明の構築に取り組み始めればいいだけの話なのです。そうすることによって、今の日本が、国として患っている重大な病そのものが、回復へと向かい始めます。

急ぐ必要はありません。少しずつやっていけばいいだけの話です。進むべき方向さえ決めてしまえば、後はそこを見据えているだけで進み行く方向は自動的に変わっていきます。人の歩みであれ、文明であれ、そういうものなのです。

問題は、真に退路を断った決意のなかで、進むべき方向を決められるかどうかなのです。

それはともかくとしても、そんな生活を実践してきた人間として言えることは、人間の体というのは、自分で思っている以上に、自然環境に対しては適応力があるものだということです。

もともと人間の体が自然の一部であり、それ以外の何ものでもないのだということから考えると、それは当然といえば当然のことでもあるのです。したがって、人間にとって、自然の与える条件のなかで暮らしていくことは、自然を科学的に作り替えた環境のなかで生きていくことより適切なはずなのです。

それがそうでなくなっているということは、人間の体や心が自然から隔離され、科学的に作り替えられた不自然な環境のなかで生きているうちに、何らかの異常をきたしてしまったことを意味しているだけなのです。そうした暮らしのなかには真の意味での健康的な生活はないのです。

こうした考えは、明治維新以前のわが国の人々になら、おそらく当たり前のように受け入れられたものです。明治維新以前の、西洋に毒される以前の日本人なら誰でも、そうしたことを学んだ知識としてではなく、もっと根源的なレベルで身につけた自然観や生命感として知っていました。そして、そうした頃の日本人であれば、今と同じ科学技術を持っていたとしても、今のようにありとあらゆる川にダムを造ったり、すべての山に杉や檜だけを植林したり、海岸線をコンクリートで固め、広大な干潟を塞き止めることによって海を殺したり、原発をそこら中に造ったりするような愚かなことはしなかったはずです。

なぜなら、明治維新以前の日本人の自然観や生命感やその他のいかなる価値観、思想や哲学の中にも、そうした、人間の身勝手な欲望を叶えるためだけに、すべての生命にとっての絶対的な母なる自然を好き勝手に破壊したり、作り替えたりしてもいいなどという考えは一切存在していなかったからです。そうしたものは、すべて西洋のものであって、われらが偉大なる東洋のものでは断じてありません。

今ある日本の体験している、物理的、精神的なあらゆる惨状は、明治維新以降、科学とともにもたらされた西洋の思想や哲学をとり入れるために、自らの中に育まれていたこの偉大な叡知を、〈古くさくて役に立たないもの〉として愚かにも捨て去ってしまったために起こっていることでしかありません。

明治維新以降に西洋からもたらされた自然科学そのものは、確かに学ぶ価値のあるものでした。しかし、それとともにもたらされた西洋の生命論や自然観は、ハッキリ言って学ぶに値しないものでした。もしそれらに学ぶに値する部分があったとすれば、それはそうした生命論や自然観を反面教師とすることによって、そうした愚かさに陥らないようにすることです。

今、われわれの世界が突きつけられている問題のすべては、科学の発達の結果として生み落とされたものです。

しかし、だからといって科学そのものが悪いわけではありません。自然科学は単なる自然に対する知識であり、科学技術はその知識が利用可能とする力を機械工学的に社会の中に提供するための単なる道具にすぎないからです。

知識や道具には意志がなく、それがどれほど世の中に溢れていたとしても、害をなすことはあり得ません。もし、それによって悪いことが起こったとするならば、その使い方や管理のしかたが間違っていたことを意味しているだけです。

すべての知識や道具の使い方を人に決定させるのは、その人の心です。そしてその心に、それを促すのは、その人の中にある人生観や生命感や自然観が生み出す思想や哲学です。

したがって、今人類が直面させられている、原発や、地球温暖化や、環境破壊、環境汚染といった、科学の発達の結果である深刻な問題のすべては、科学の発達そのものに問題があるのではなく、その科学の発達を利用してきた人類の、人生観や生命哲学や自然観といったものにあるのだということになります。

そしてそれらは、わが日本に関する限り、明治維新以降に自然科学とともにもたらされた西洋のものであって、日本のものではないのです。それは、完全に真逆の事を教えるものであり、その教えに従ったがために、今人類が直面させられている深刻な問題のすべてが生み落とされてしまったのです。

われわれには西洋のように世界の先頭に立って新たな科学を生み出してきた実績はありません。そしてインドのように、世界に向かってこの世でもっとも深遠で普遍的な真理に関する教えを開示してきた実績もありません。

しかしわれわれには、ポール・リシャールがいみじくも述べていたように、この二つの世界から、そのもっとも優れたものを学びとり、持って生まれた、優れた知能や勤勉さや忍耐強さや社会性や有徳性といった人間的価値のなかで融合させ、今後の世界を救うもっとも有用なものにして還元する力を持っています。

つまりわれわれ日本の役割というものは、科学の担い手として世界のナンバーワンになることでも、真理の探究においてナンバーワンになることでもなく、この二者を世界にとってもっとも有用なものに融合させることにおいてナンバーワンになることなのです。

そして、そうした国の存在こそが、今の世界にとってもっとも必要とされているものであり、われわれが今後、本当にそうした存在になることができるかどうかの試金石として今、目の前に突きつけられているものが、脱原発という問題なのです。

東洋人も西洋人も、同じ人間であり、どちらかが一方的に優れているわけでもなければ劣っているわけでもありません。またそうした人々の築き上げてきた、東洋と西洋という二つの世界の文化に、どちらかが一方的に優れていたり、どちらかが一方的に劣っていたりするような何かが隠されているわけではありません。

しかしこの〈東洋〉と〈西洋〉という二つの世界の間には、生命や人生や自然といったものに向き合った時の価値観や思想哲学において、大きな違いが存在していることもまた事実です。

その東洋のなかでも、インドと日本はさらに特殊な存在であり、この二つの国は極めて似ています。

前記したように、インドは他国から侵略されることはあっても、他国を侵略しようとしたことのない国です。日本もまた、インドと同じように西洋思想に毒される前は、他国の侵略の危機に晒されたことはあっても、他国を侵略しようとしたことはほとんどない国でした。インドにもわが国にも戦いは常にあったものの、その戦いは自国を統一しようとする戦いであって、その武力を他国にまで向けるという発想はほとんど存在していませんでした。そうした発想を持った最初の愚かな武将は豊臣秀吉で、それは信長政権以降に日本を毒することなった宣教師たちが持ち込んだ西洋思想との出会いの結果です。その結果として、この男は、日本の歴史上初めて、大義名分の一切存在しない戦いである朝鮮出兵などという愚挙を犯したのです。

その過ちは、その後の、帝国主義という西洋思想に毒されたすべての政界、財界、軍といったすべてのリーダーたちに受け継がれていくことによって、あの愚かな世界大戦へと突き進んでいくことにもなったのです。

われわれ日本人は今、誰の目にも明らかな存亡の危機に立たされている世界を、その危機から救済するためのグローバルリーダーとなれるかどうかの岐路に立たされています。そしてそうなるためには、戦後に失ってしまった、日本人としての誇りや威厳や、揺るぎのない自信を取り戻して、全世界のすべての国々と向かい合っていかなければなりません。

しかし、その〈日本人としての誇りや尊厳や揺るぎのない自信〉といったもののすべては、過去の戦争を正義の戦争であったと言い張ったり美化することによってではなく、あの戦争のなかで日本がなした愚かな判断と行いの多くは、日本人本来のものではなく、日本人が日本人として失うべきでなかった、あらゆるものを失いながら、西洋思想に毒されて行った結果として犯してしまった愚挙だったと正しく認識し、その失ったものを再び自らの中に真の日本人として、一部の人々が唱えるような愛国心などという偏狭な思想を超えた、もっと壮大な、森羅万象、生きとし生けるもののすべてに対する慈愛に満ちた、普遍の叡知に光り輝くものとして取り戻すことによってしかなし得ないことなのです。

それは、われわれが取り戻したいと望みさえすれば可能なことなのです。

なぜなら、明治維新以降の日本人が西洋思想にかぶれていくなかで、愚かにも「われらが学んできた、西洋のもっとも新しい科学の教えと照らし合わせてみれば、それは時代後れの、何の科学的根拠を持たない迷信のごときものである」として、誰の目も届かないところに押し隠してしまったものであり、われわれから完全に失われてしまっているものではないからです。

私はそのことを、インドに降誕された偉大な師によって教えられました。

私は、明治維新以降の日本人が西洋思想にかぶれていくなかで失っていった、それ以前の日本人の中に育まれていた、真に偉大な叡知や美徳というものが何であったのかを、師の口から語られる、ヴェーダやヴェーダーンタの教えの中から学んできました。なぜならそこには、ほぼ完璧なものとしてそれらのものが開示されていたからです。

しかしだからといって、それは必ずしも、ヴェーダやヴェーダーンタの教えを通してでなければ学べないものではありません。仏教の真に深遠な教えの中にも、太古の神道の中に秘められていた宇宙論や自然観や生命論のなかにも、（それを真に正しく理解すればの話ですが）同じようなものとして開示されているものだからです。

仏教は元々インドのものなので、インドにあるものがそっくりそのまま日本にあっても不思議ではありませんが、一見まったく無縁に見える、日本古来の宗教である神道と、ヒンドゥー教の聖典とされるヴェーダやヴェーダーンタも他に類を見ないほどにあらゆる面で酷似しています。

あらゆる宗教のなかで、開祖を持たないのはこの二つだけです。この二つとも、この物質で形作られている宇宙のなかに、この宇宙を維持運営するために働く無数の神々の存在を（日本においては八百万の神として）見出し、崇めています。しかし、この双方とも、それを宇宙創世の神としては崇めていません。

そうした神々はすべて宇宙創世の後に生み落とされたものであって、その背後にはそうした神々と、その神々を生み落とした宇宙そのものの存在基盤となる〈人知を超越して不可知である何ものか〉が、われわれの存在している時空からは決して覗き見ることのできない背後の世界に、すべてを生み出す源として隠れ潜んでいると考えています。

そして、自然科学はこの宇宙モデルを一九二〇年代以降、量子力学のなかで、真に科学的な宇宙モデルとして（図らずも）発見してしまっています。量子力学の真に深遠な原子モデルに相当するものもまた、ヴェーダやヴェーダーンタの中にもそっくりそのまま存在し（そのことに関する詳しい紹介は、『真理への翼』と『聖なるかがり火』のなかでしてあります）、それは神道の秘められた聖典のなかにも秘められています。

われわれが人生のなかで教えられてきたものは、「科学はこの世の真実を明らかにするものであり、宗教はこの世の真実を何も知らず、ただ愚かな迷信を生み出していくものである」ということでした。

しかし、それは必ずしも真実ではありません。すべての宗教の真に深遠な教えの中には、愚かな迷信などというものはただの一つも存在してはいません。それが存在しているのは、その深遠な教えを理解できていない宗教者たちと、その話を真に受けている人々のなかだけです。真の宗教のなかに開示されている教えというものは、『真理への翼』のなかで詳しく紹介しているように、この世の真実をあるがままに開示するということにおいてすら、ある意味、現代科学の知識を圧倒してさえいます。

宗教になぜそのようなことが可能なのかといえば、宗教の根底に開示されている宇宙モデルや原子モデルや生命モデルというものが、ただの空想の産物ではなく、真に深遠な洞察に基づいてなされた、形而上学的な科学の産物だからです。そのことについての詳しい解説は、すでに、『真理への翼』『聖なるかがり火』という本のなかで述べていることなので、ここでは割愛しますが、そのことを、簡単なたとえで説明すると、次のようになります。

（これから数ページに渡って記述されていく、ヴェーダやヴェーダーンタ、仏教、神道などの真に深遠な教えの中に開示されている、原子モデルや宇宙モデルの、自然科学的に見た正当性は、この本のテーマとは直接関係していないので、興味のない人は飛ばして読んでください。混乱するだけで、おそらく得ることは何もないでしょうから）

科学は、物理学的な実験のなかですべての物質が原子という極微の物質を素材としていることや、その原子のなかには、膨大なエネルギーが秘められているといったことを発見してきました。その原子をさらに詳しく調べていくと、原子は物質ではなく、物質という幻影を纏った、もっと超越的で不可思議な何ものかとしてすべての科学者の理解の及ばない領域へ姿を消していくということも、量子力学を通して発見してきました。

それらのすべては、人類が科学の発達によって初めて知り得たことだと信じて疑っていません。

しかし、インドの賢者たちは「そうではない」と言います。「わが国の賢者たちはそのことを遥かな太古から知っていたのだ」と。そして、スワミ・ヴィヴェーカーナンダもまた、西洋の人々を前にしてそのことを語り聞かせています。「科学の発見の重要なもののほとんどすべては、ヴェーダやヴェーダーンタに開示されている宇宙論や原子論の単なる再発見にすぎないのだ」と。

しかしわれわれのほとんどは、この言葉を信じることができません。なぜなら、科学の存在しなかった太古の世界において、現代科学の到達点で発見されているような、原子や宇宙に対しての発見などできるわけがないという思い込みがあるからです。

しかし、それが可能であることを、ヴェーダーンタによって身につけた形而上学で以下のようにして証明することができます。

以下は、科学的実験も科学的考察も一切使わずに、形而上学的に現代科学の発見してきた原子モデルと同じようなものを描き出していくことが簡単にできるということの証明です。

われわれは、日常の経験のなかで、形あるものはすべて壊れると知っています。壊れるということは、元あったものより小さくなるということです。つまり、われわれは形あるものは形ある限りどんどん小さく壊していけるということを形而上学的に知っているのです。だとすれば、すべての物質は、（そうして限りなく小さく壊していった結果の）最小限の物質が寄せ集まって形作られているものであることは、誰が考えても当たり前であるということになります。それが、形而上学的に探し出された〈原子〉の概念です。

自然科学は最初、この原子というものはそれ以上小さく分割することのできない、最小の物質であると考えていました（もっとも、それが間違いであることにもすぐ気づかされましたが）。しかし、形而上学的に見る限り、物質は無限に小さく砕き続けていくことができるので、初めからそうした間違いには陥りません。形而上学的に見る時の原子という存在は、あくまで、物質を観測する人間の物理的能力には限界があるため、その観測限界のなかでの最小が、人間の側から見た最小の物質だということになります。つまり、原子は、人間の観測技術の限界地点で人間が見ている〈最小の物質〉という一種の幻影にすぎないということです。その原子という最小の物質は、人間の観測可能な限りにおいての最小であって、物質そのものの最小ではあり得ません。したがって、さらに理論物理学のなかでそれを調べていけば、それは、人間の物理的観測を超えて、理論という形而上学の領域に踏み込んだ物理学のなかでさらに無限に分割されていき、結果として、物質に根源的な基礎物質は存在していないのだということを発見していくことになります。それが、原子の発見以降に物理学が核物理学の発展のなかで経験していることです。

一方、われわれの体を作っている物質と、われわれの周りに存在している命を持たない石や土との違いは何か？　ということを考える時、われわれを含めたすべての生物の体は食べ物によって作られていて、その食べ物は、食物連鎖の最初に位置している物が植物であり、その植物が大地から養分をもらい生きている以上、われわれの肉体を作り出しているものの本質は、結局のところ大地や水の成分であるということになります。

つまり、われわれの肉体の根源的な素材は、土や水を構成している物（つまり同じ原子）だということになります。そしてその同じ原子で形作られているわれわれの肉体には、命や、知性や、力や、心といった様々なものが宿っています。だとすれば、それは原子のなかに元々あったものだと考えるしかありません。大木の根元に落ちている小さな種の一つ一つの中に、将来大木として姿を現すもののすべてが秘められているように、われわれの肉体を構成している原子の一つ一つにも、その肉体に生命や意識や心として現れるもののすべてが秘められているのだということです。

われわれの世界は、森羅万象、生きとしいけるもののすべてが、生まれては滅んで自然にかえるだけで増えることも減ることもありません。すべての存在は、ただ現れては消え去るという現象のなかで循環しているだけです。つまり、そのことが意味するものは、原子は生まれることも消え去ることもなく、ただ結合したり、離散したり、姿を変えたりしてすべての現象を生み出しているということです。したがって、その原子のなかには、ある意味無限ともいうべき力が隠されていることになります。これが、アインシュタインが原子の中に見いだしたものの形而上学的な発見です。

自然科学は当初、原子の中に秘められているのは物理的な力だけだと考えていました。しかし、インドのリシ（賢者）たちの形而上学ではそうは考えません。なぜなら、原子で創られているわれわれのなかには、物理的な力だけではなく、精神や、思考、心、として働く非物理的な力も存在しているからです。だとすれば、原子の中にもそれは存在しているはずです。したがって、原子をさらに研究していけば、原子は物質としての属性の深遠に、精神的な性質を現していくことになります。そしてそれは、実際に、現代科学の到達点に位置する量子力学のなかで（科学者たちをもっとも混乱させる出来事として）起こっています。

科学は、同じ原子でできている石や木に意識がなく、われわれ生物になぜ意識があるのかを説明できません。しかし、リシたちの形而上学は、簡単にその答えを出せます。なぜなら、原子のなかにそうした力のすべてが元々秘められているということは、その原子で創られている物質のすべては、たとえそれが石であろうが何であろうが、われわれと同じ意識が存在するということにほかならないからです。ただ、石のなかに秘められている意識や生命は確認不可能なくらいに小さく、われわれの中に現れているそれは確認可能なほどに大きいだけであると。

われわれも、意識がある時は動くこともでき、自分や世界の存在を認識できます。しかし、意識を失ってしまえば、自分の意志で動くことも、自分や世界の存在を認識することもできないようになります。しかしその時も、完全に意識が消え去っているわけではありません。そのほとんどが活動を停止しているだけです。

それと同じように、動くことも感じることもできない石や木というものにも、まったく意識や感覚が存在していないわけではなく、それ自身にも、周りの誰にもその存在が知覚も確認もできないほどのかすかなものとして存在しているのだと、リシたちの形而上学は告げてくるだけなのです。つまり、われわれ生物と、石などの無生物との違いは、ただ単に、自らを構成している原子に秘められているそうした意識や心といったエネルギーの現れ方、質や量といったものに違いがあるだけなのだと。生物の進化というものが、単純な生物から高度で複雑な生物へという道筋の上にあるように、石や土といった無生物と、生物の間にも、それと同じような進化の流れが人知を超越した形で存在しているのだと。

この世に存在するすべてのものは、自分以外に存在基盤を持っています。われわれは地球の自然を存在基盤として持ち、地球は、宇宙を存在基盤として持っています。だとすれば、この宇宙そのものも、自らを超越した存在基盤を持っていなければ理屈が通らないことになります。そして、それが形而上学的に描き出される神なのです。

つまり、形而上学的な探求によっても、人は物理学の発見するものを簡単に描き出していけるし、それを超越したものも描き出していけるということなのです。したがって、太古の世界に、現代科学の到達点に発見されているような原子モデルや宇宙モデルが存在していたとしても、それはあり得ないことなどではまったくないのです。

科学は、物事を探求する時、その本質へ本質へと、知性の焦点を集中させていきます。そのため、常に、木を見て森を見ずという過ちに陥ります。したがって、科学者は、人類の真の道案内人にはなれません。それを勘違いすれば、間違った道の選択のなかで必ず人類は滅びます。

それに対して、真の形而上学は、そうした過ちに陥ることなく、常に、森と木の双方の本質を、大局的な見地から見極めます。形而上学は一般的に哲学と混同されていますが、この二者はまったく別のものです。哲学は、思考の積み重ねのなかで何かを見いだそうとするものですが、形而上学は逆に、自らの理知が思考の積み重ねのなかで見失っているものを、一つ一つ排除していくことによって、あるがままの自然とあるがままに対峙し、その真実をあるがままに悟ろうとするものです。したがって真の形而上学は、学者の頭の中には存在せず、悟りを開いた聖者や賢者の中にしか存在しません。

形而上学は、人類の物質的豊かさに貢献する機械を生み出すことに関しては科学より遥かに劣りますが、この世の真実というものを真に知的な領域から、生命モデル、原子モデル、宇宙モデルとして描き出すことに関しては、科学より遥かに優れています。

したがって、今の人類にもっとも必要なのは、これなのです。

今人類は、すべての人々が科学者であり、科学者的な物の見方をしています。その結果、人間の価値は頭の善し悪しにあるのであって、頭さえよければ人はそれだけで価値があるというような愚かな考え方に陥っていたりもしているのです。

しかしこれが、人類を滅ぼすもっとも大きな勘違いであることをヴェーダやヴェーダーンタは教え、その考えが持つ危険性を太古から現在に至るまで人類に向かって強く警告し続けています。

その警告がどのようなものであるのかについては、『聖なるかがり火』のなかで詳しく書いていることなので、例によって、その一部を紹介しておきます。

以下は、その本からのものです。

われわれは一般的に、「人は頭が良ければ良いほど、役立つことを知ることもできるし、考えつくこともできる」と考えています。

「優れた頭脳を持つ人々によって、この世界の森羅万象が調査され、高度に研ぎ澄まされた思考や考察が積み重ねられていけばいくほどに、この世の真実は明らかにされていくのだ」と。

「もしこの世に〈真理〉が存在するのなら、それは、もっとも優れた頭脳を持つ人の、もっとも深遠な思考の積み重ねの結果として見いだされるものにちがいない」と。

「そしてもし、この世を楽園に作り替えてくれるものがあるとすれば、それは頭脳の力であり、それは何がなんでも発達させ続けなければならないものである」と。

しかし、そうした考えを抱く人々に対してインドの賢者たちは「それはあり得ないことである」として嘲笑います。

「なぜなら、人がこの世の秘密を頭脳の力にだけ頼って解明しようとする時、必ずや、砂糖の甘さを、分子モデルや化学式を使った科学的考察を通して知ろうとするような迷妄に陥るからである」と。

「その結果、人は、砂糖を科学的に分析したことによって砂糖の本質を知ったような気になってしまう。しかし、真実を言えば、それは逆に、頭脳によって砂糖の本質を見失わされているのにすぎないのである。なぜなら、砂糖の本質である甘さは、分子モデルに置き換えることによってではなく、実際に自分の舌でなめてみた時にだけ体験として知ることができるものだからである」と。

「それと同じように、人は太陽の本質を、水素原子が核融合によってヘリウム原子に変化することによって放出されるエネルギーだと説明されて、太陽の何かをより深く知り得たような気になってしまう。しかし、太陽の本質は、人が自らの目で見て肌で感じている、光や暖かさであり、その光の本質は、光子や電磁波といった言葉によって表現できるようなものではなく、その光を実際に自らの目で見、体に浴びて体験するによって感じ取り、そのエネルギーによって大自然のすべての命を育んでいることの偉大さを肌で感じとることによってしか理解し得ないものなのである。

そのことに気づけず、そうしたもののすべてを単なる科学知識に置き換えることによって、この世の真実に迫れたような気になっているのは、単なる、頭脳が生み出す知的迷妄に陥らされているだけのことにすぎないのだ」と。

「しかし、頭脳が生み出す思考にだけ頼って人生を切り開いていこうとするタイプの人々はすべて、こうした迷妄に陥っているため、どれほど博識で、どれほど頭脳明晰で、天才！　偉人！　ともてはやされる人であったとしても、そのことを真に理解することはできないのである」と。

「したがって、人類がもしこのまま、頭脳というコンピューターだけに頼りながら未来を切り開いていこうとするのであれば、それを試みる人の頭脳が優れたものであればあるほどに、その努力が真摯で熱意にみちたものであればあるほどに、人はこの世の真実と、自らの頭脳が生み出していく知的迷妄とを取り違えながら、まったく見当外れの生命モデルや宇宙モデルを描き出し、それらの指し示す輝かしい未来の建設を夢見ながら、滅亡への扉を、一つ、また一つと押し開いていくことになるのだ」と。

（中略）

インドの賢者たちは、頭脳の力をわれわれのようには高く評価しません。高く評価しないどころか、「それは狂った猿のようなものである」と評して、頭脳が生み出す知恵だけを導き手として未来に突き進んでいこうとすることの危険性を強く警告してきます。

なぜなら、「頭脳に秘められた力とは、どこまでいってもコンピューターと同じであり、人類が乗り回す車の性能を限りなく高めることには役立ったとしても、大勢の人々が車を安全に乗り回す時に必要不可欠となってくる、人としてのモラルや他者への思いやりや自制心、正義感や規律といったものの構築にはまったく役に立たないからである」と。「そしてそのことは、頭脳の産物である自然科学によっては、愛や正義や人間的価値や規律といったものが、まったく取り扱えないものであるという事実が如実に証明していることなのである」と。

（中略）

したがって、「頭がよいことが人間として価値あることだと考えて、教育の目的を知能や才能の開発の手段と位置づけるような世界では、科学や娯楽は発達したとしても、人間を人間として真に輝かせるための美徳や人格、有徳や正義や秩序といったもののすべては失われていくのだ」と。

「そうした世界では、人としての正しい行為よりも、人を出し抜くための不正な行為が価値を持つようになり、人は『頭が良いということは、いかに他人を出し抜くための不正を合法的に行って私財を稼げるかにある』と考えるようにさえなるのだ」と。

そして、「そのようにしてでき上がったのが、今の世界なのだ」と。

インドの賢者たちの説く教えは慈悲に満ち、甘美である反面、その教えの本質はわれわれの世界を支配している常識や価値観から超越しているため、われわれの世界では今までほとんど誰に理解されることも、支持されることもないものでした。

たとえば、われわれの世界では、もし誰かがあらゆる精進努力のなかで働き、富や地位や名誉や権力といったものの頂点に立つことができたとするなら、その者を無条件に「偉大である！」として讃えます。

しかし、インドの賢者たちだけは、そのような人生に無条件の価値を見いだす人々を、「愚かである！」として嘲笑います。

なぜなら、この世に用意されている富や、地位や、名誉といったものは、手に入れることに価値があるのではなく、どう使うかによってしか価値を持つことができないものだからです。

だからこそ、人がそのことを忘れて、ただ単に、自分の欲望を叶えるためだけに、なりふり構わずそうしたものを獲得したのであれば、それはそうした者が、自らの欲望に鞭打たれて来ただけの愚者であることを、万人に向かって教えているだけでしかないとインドの賢者たちは嘲笑うのです。

（中略）

「人の本質は、真であり、善であり、美である。しかし、人の心にとりついた欲望によって、人は自らの行為を、虚偽へと、邪悪へと、醜悪へと貶められていくだけなのだ」と。

（中略）

「あなたは気づいていないだろうか？　人が、自らの存在の深遠から語りかけてくる〈良心〉という魂の声に耳を閉ざして欲望の声に従う時、たった一人の例外もなく、人は人としての道を踏み外していくことに」

「あなたは気づいていないだろうか？　人が欲望の声に耳を貸さず、〈良心〉という自らの魂の声にだけ従う時、たった一人の例外もなく、人は人としての真に偉大で崇高な人格を現し、社会において真に偉大な仕事さえ成し遂げるのだということを」

「あなたは気づいていないだろうか？　あなたが裏切りたくない人を裏切り、悲しませたくない人を悲しませる時、その原因は常に、自分の心にとりついた欲望にあったことに」

「あなたは気づいていないだろうか？　あなたが自分の理想から滑り落ち、自分自身に絶望する時、その原因は常に、自分の心にとりついた欲望にあったことに」

「あなたは気づいていないだろうか？　世界中の人々を苦しめている貧困や戦争や環境破壊や環境汚染の原因が、人々の心にとりついた欲望にあったことに」

「あなたは気づいていないだろうか？　たとえどのような奇跡のなかでこの世に救世主が現れたとしても、そうした人々の心が変容しない限り、世界は何一つ変わらないのだということを……」と、インドの賢者たちはそうわれわれに告げてくるのです』

こうした言葉に今の人々が何を感じるかはともかくとしても、われわれはこうしたインドの賢者たちの教えと同じものを、かつての、明治維新以前の日本を達観の境地から導いていた人々の言動の中に等しく見いだすことができます。

そしてそれは、明治維新以降に日本人が西洋から持ち帰ったり、西洋から押し寄せてきたりした西洋思想の中には一切存在していないものなのです。明治維新以降に日本人が西洋から持ち帰った西洋思想と、それ以前から日本にあった、〈日本人を日本人としての美徳や高潔性や特性のなかで育んでいた思想〉とは、ある意味真逆のものでした。その二つのものの間にある違いを一言でいうなら、明治維新以降にわが国を支配してきた西洋の思想は、今、人類が直面させられている原発の問題や、地球温暖化、環境破壊や環境汚染といった存亡の危機のすべてを生み出してきたものであり、それ以前に日本人を日本人として育んでいた思想は、そうした西洋思想に真っ向から異論を唱え、歯止めをかけようとするものだということです。

今の西洋には、日一日と深刻さを増し続けていく存亡の危機から人類を救うことのできる思想や哲学は存在しません。

もし今、それを持っている国があるとすれば、それは日本です。

だからこそ、われわれは万難を排してグローバルリーダーとなるための道を歩き始めなければならないのです。

ひょっとするとそれは、われわれが思っているよりも簡単なことではないかもしれません。

なぜならそこには、今回の福島での原発事故の直前まで〈原発ルネッサンス〉を旗印として、原発プラントを世界中の発展途上国へ輸出しながら巨万の利益を得ることをもくろんでいた、アメリカやフランスやロシアといった大国の仕掛けてくる、様々な外圧が予想されるからです。

そうした国々にとって、福島での原発事故を機に、もし日本が本格的な脱原発へ舵を切るような動きを見せ始めたとするなら、今後の世界に与える影響を考えた時、到底見過ごすことはできないはずです。そうである以上、そうした国々は今後、おそらく、日本の原発推進派の政治家、論客、マスコミ、財界といったものを動員して、今回の福島を教訓とすることによって可能となる今後の原発の安全性のアピールや、原発に変わる代替エネルギーの目処もたっていないままに、脱原発に一気に突き進もうとすることの愚かさを訴えるためのディベートや、様々な政治的、経済的外圧をかけることによってそうした動きを阻止しようとしてくるはずです。

そうした意味でわれわれはもっと賢く、もっと強くなっていく必要があります。


われわれは、敗戦によってアメリカを中心とする連合国の占領下に置かれ、その後一九五二年のサンフランシスコ講和条約によって再独立し、日本国として主権を取り戻したかに見えます。しかし、政治的にも、精神や文化の面でも未だアメリカの支配下にあるといわざるを得ません。

物理的にアメリカに銃やミサイルを突きつけられているわけではありません。しかし、政治的には戦後一貫して支配を受け続けてきたと言って過言ではないような状況に置かれてきたことは誰もが知っていることです。

われわれ日本人は、こうしたアメリカとの関係についても一人一人が真に賢明な判断のなかで見直すべきところに来ています。しかしそれは、決してアメリカ離れや敵対を意味してはいません。

そうではなく、われわれは今以上にアメリカとのより良い友好関係を築くために、アメリカからの真の独立を目指す必要があるのです。なぜなら、隷属と服従の中に、真の友好関係など存在しないからです。

それは、日本だけの力では不可能なことでしょう。そのためには、西洋から常に植民地支配的扱いを受けてきたアジアが一つに団結することによって、アジアそのものが西洋から独立する必要があります。

そのアジアには、近隣諸国との間に、過去の戦争や領土問題による、西洋に対するもの以上に深刻な対立や近親憎悪に似た感情があります。したがって、アジアが真に団結していくためには、リーダーとなる国が必要です。しかし、残念ながら、そのためのリーダーに日本はなることはできません。そのためのリーダーとなりうる国があるとすれば、それはおそらく、アジアのすべての国がその宗教と文化と知のルーツを何らかの形でその国の中に持っている、インドです。

つい最近までインドは、西洋列強の足下に隷属する屈辱と没落のなかに身をやつしていたとはいえ、その歴史の大半において、アジアの国々のすべてを潤す大河のように繁栄し、偉大な宗教と叡知と文化の恵みをもたらし続けてきた偉大な国であることは誰もが知っていることです。

われわれは実際、インドが隠し持っている偉大さの本質を、第二次世界大戦の敗戦国として、戦勝国によってわが国の指導者たちが戦犯として裁判にかけられていた時、かいま見ています。インドは、唯一そうした状況に置かれた日本人に対して「無罪」を主張した国です。「戦争犯罪は、戦争に勝った側の国が、戦争に負けた側の国の人々を一方的な立場で裁けるようなものとしては存在しない。彼らは、戦犯としての罪を犯したかもしれない。しかし、だからと言ってその裁判は、戦勝国が敗戦国を裁くようなものではなく、もっと公平なものとして開かれるべきものである。したがって、こうした（東京裁判のような）戦犯裁判の判決を支持することとはできない」とインドは訴えました。

実際、その東京裁判で日本人を戦犯として裁いたアメリカは、日本の民間人しか住まない長崎や広島に原爆を投下したのみならず、東京などの大都市に絨毯爆撃を繰り返し行い民間人の無差別殺戮を強行しています。そうしたアメリカの戦犯行為が不問にされたまま、敗戦国である日本人だけを裁くということのいかがわしさを、正面切って世界に向かって発言してくれたのが世界でただ一国、インドなのです。

そのインドの賢者たちは今、他のどの国よりも、日本という国や国民が、人類を新たな時代の幕開けへと導いていくための重要な役割を担うものであると、高く評価しています。しかし当の日本人は、世界中のどの国の人々よりも、インドの聖者や賢者たちが隠し持っている偉大さや価値というものに気づいてはいません。明治維新以前の日本人の多くがそのことを知っていたというのに、です。

われわれはそのことに気づくべき時期に来ています。

そのインドは今、高度成長期に日本が経験してきた問題のすべてを抱え込んだ極めて危うい局面に立たされています。だからこそ、日本は今、自らの経験の中からそのインドを手厚く助ける盟友という立場に立つ必要があるのです。インドを商品を売り込む顧客とするためにではなく、インドを将来の世界の舵取りを担うアジア発信の真のリーダーに育て上げるためにです。

そうした流れのなかで、日本はインドを真の盟友とすることによって、互いに学び、助け合い、手を取り合うことによって、アジアを一つの家族に、そして東洋と西洋を一つの世界にまとめあげていくための使命に取りかかるべき時に来ているとも言えるのです。

そして、その第一歩は、全人類的な課題である脱原発に向かうための一歩であるべきなのです。

あとがき

それは多分、小学校の低学年の頃だったと思います。

私は母の実家がある（天草四郎で有名な）天草の親戚の家に、夏休みの間中、一人で預けられていました。がりがりにやせて病弱だった私の転地療養のためと、お客を断るくらいに忙しかった美容師の母の負担を減らすためと、私が見知らぬ親戚の家で一夏過ごすことをまったく苦にしないどころか、新たな冒険に出かけるかのように心待ちにするような、変わった子供だったからです。

折しもそれは、日本中が「よしのぶちゃん誘拐事件」という誘拐事件で大騒ぎしている時でした。そんな中、父と母は大胆にも、見知らぬその島へ私を一人で旅立たせました。

村のバス停から、顔見知りの車掌さんと偶然乗り合わせていた顔見知りの乗客に「この子を宇土駅で下ろし、三角港行きの汽車に乗せてください」と告げる母に見送られ、私は見知らぬおばさんたちと一緒にバスに乗り込みました。バスから汽車への乗り換えは誰かが手伝ってくれたのだと思います。汽車に乗ってさえしまえば、次に降りるのは終点の港なので、そこから先は本当の一人旅でした。一人で汽車を降り、そこから一人で船に乗り替え、天草の港へと辿り着きました。

旅立つ前に母に何度も注意されたのは、汽車を降りた後の港には二隻の船がとまっていて、それを乗り間違えると「大変なことになるから気をつけなさい」というものでした。私が乗るべき船は〈登立丸〉だったのですが、当時の私はまだその漢字を学校で習っておらず、なかなかその名前を覚えることができませんでした。それでも親戚の人たちがビックリするくらい大胆な一面を持っていた母は、とにかく、その漢字の形をイメージとして頭に焼き付けておけば、後はなんとかなるだろうという行き当たりばったりの思いで私をその一人旅に送り出しました。

その当時、わが家に（というか、私の住んでいた村そのものに）まだ電話はなく、天草の親戚の家にも電話はありませんでした。そんななか、どうやって連絡を取り合っていたのかは、その事情を唯一知る母が認知症になってしまった今となっては謎のままですが、とにもかくにも辿り着き、そのようにして一夏を過ごしていました。

距離にすれば僅か数十キロの旅ですが、それでも、生まれ育った山村とその島の暮らしや風土というものはまったくの別世界でした。

その島には三軒の親戚があって、私はもっとも裕福な母の実家に預けられていたのですが、私が好んだのは、マサヒロちゃんという高校生のお兄さんのいる、戦争のために母子家庭となった五人家族のもっとも貧しい家でした。夏休みが終わって家に帰った後で「マサヒロちゃんの家の人は、みんなおかゆが好きだった」と報告したところ、母に「あそこはおかゆが好きなんじゃなくて、貧乏だからおかゆしか食べられんとたい。あんたが遊びに行くと迷惑だから、あんまりいくとでけん」と言われたのを覚えています。それでも、一番楽しかったのは兄弟姉妹の多いその家だったので、結局、一夏のほとんどをその家で過ごしていました。

その頃遊んだ天草の海に、何十年かぶりに、泳ぎが大好きなペルー生まれの幼い姪や甥たちをつれて出かけたことがあります。しかし、そこにあったのは、昔泳ぎ遊んだ、名も知らぬ美しい小魚たちが人々の足下をすり抜けて岩や砂浜で囲まれた海岸線を群れ泳ぐ命にきらめく海ではなく、岸壁のすべてを無機質なコンクリートで固められて、無残に死に絶えてしまった海の墓場のようなもの悲しい光景でした。そうした場所は、車で通りすぎる海のいたるところに広がっていました。

そうして活気を失いゆく天草に、何年か前から、原発を誘致しようしている人たちの話がたびたび新聞で取り上げられるようになってきました。そうした人たちは口をそろえて「原発は安全で、地元に多くの利益をもたらす、金の卵を生む鳥が舞い降りて来るようなものだ。

これを誘致しないなどということは、原発の安全性を科学的に理解できない人のいうことであって、真に科学を理解している人の言うことではない」と主張しました。

おそらく、自然のままであってこその海岸線を、必要もないコンクリートで塗り固め、塞き止めたりしながらその場凌ぎの補助金目当てに自然に手を加え、結果的に海を無残に殺してきた人々をそうした行為に駆り立てたものも、これと同じようなディベートだったのだと思います。

ちなみに、今回事故を起こした福島原発の建設に至るいきさつを特集して伝える新聞記事の中には、東電との「血のように濃い蜜月の関係」を築きながら、その結果として未来に待っているものが何であるか知らないままに、原発誘致が生み落とす金によって、荒涼とした自然以外に何もなかったような海辺の町に、豪華な公共施設が建ち並び、インフラが整備され、飲食店が東電職員で溢れかえりながら、人々の暮らしが原発景気に沸き返っていく様子が生々しく紹介されています。そしておそらく、天草への原発誘致を夢見た人々の脳裏に思い浮かんでいたものも、こうした光景だったのだと思います。

しかし、原発が引き起こす壊滅的な事故の前では、一時的に原発がもたらした景気やインフラなど何の意味も持たず、県境や国境や世代を超えて広がり行く被害に対して責任を取れる者など誰もいないことがわかった以上、そうした人たちも今後は気づくべきです。

原発というものが、首都の中心部に建設しても大丈夫なほど安全性が保証され、万が一事故が起こったとしても、その被害が事前に地域住民に説明されていた範囲内で一〇〇%収まることを保証できるのでない限り、二度とこのような話を持ち出すべきではないことに……。

【参考図書】

スワーミー・メダサーナンダ著『スワーミー・ヴィヴェーカーナンダと日本』（日本ヴェーダーンタ協会、二〇〇九年）

日本ヴェーダーンタ協会訳『霊性の師たちの生涯』（日本ヴェーダーンタ協会、一九八三年）

ポール・ブラントン著、日本ヴェーダーンタ協会訳『秘められたインド』（日本ヴェーダーンタ協会、一九八二年）

パラマハンサ・ヨガナンダ著、S・R・F・日本会員訳『あるヨギの自叙伝』（森北出版、一九八七年）

および、三月一八日から六月二十一日までの熊日新聞

村山泰弘

1955年熊本県生まれ。墓参りも初詣も拒否するような頑な無神論者として生きていたある日、自らの宇宙観を根底から変えてしまう出来事を体験し、その導きの中でヴェーダーンタの教えと出会う。1日4～6時間の瞑想を1日も欠かすことのない日々の中で、その教えを6年余りに亘って探求する。その後、完全菜食主義者となり、師に呼び寄せられるようにしてインドへ渡る。日本とインドを行き来しながら、師の名前を冠する日本のボランティア団体で5年ほど活動した後、母親が認知症になったのを期に故郷に帰り、介護の合間に書き上げた、ヴェーダーンタの教えを広く一般に紹介するための著書『真理への翼』を2008年3月に出版。その続編に当たる『聖なるかがり火』を2010年に出版。

天《てん》の摂理《せつり》 地《ち》の祈《いの》り

インド哲学《てつがく》で読《よ》み解《と》く、原発《げんぱつ》の過《あやま》ち・再生《さいせい》への道《みち》

著者　村山泰弘《むらやまやすひろ》

発行日　2011年10月17日　第1刷発行

発行者　田辺修三
発行所　東洋出版株式会社
〒112-0014　東京都文京区関口1-23-6
電話　03-5261-1004（代）
振替　00110-2-175030
http://www.toyo-shuppan.com/

印刷　日本ハイコム株式会社
製本　ダンクセキ株式会社

ISBN 978-4-8096-7648-2
定価はカバーに表示してあります

ISO14001取得工場で印刷しました

【表紙写真】
表1　左上から2番目：TEPCO／ロイター／アフロ 、左上から4番目：AP／アフロ、
右列一番下：ロイター／アフロ
表4　左：AP／アフロ